软件可靠性分配与人力资源调度方法

巴　杰　著

中国宇航出版社

·北　京·

图书在版编目（CIP）数据

软件可靠性分配与人力资源调度方法 / 巴杰著. -- 北京：中国宇航出版社，2020.8

ISBN 978-7-5159-1827-3

Ⅰ.①软… Ⅱ.①巴… Ⅲ.①软件可靠性—研究 Ⅳ.TP311.5

中国版本图书馆CIP数据核字(2020)第160999号

责任编辑　侯丽平　　封面设计　宇星文化

出版发行　中国宇航出版社

社址　北京市阜成路8号　　邮编　100830

(010)60286808　　(010)68768548

网址　www.caphbook.com

经销　新华书店

发行部　(010)60286888　　(010)68371900

(010)60286887　　(010)60286804(传真)

零售店　读者服务部

(010)68371105

承印　天津画中画印刷有限公司

版次　2020年8月第1版　　2020年8月第1次印刷

规格　710×1000　　开本　1/16

印张　8.25　　字数　120千字

书号　ISBN 978-7-5159-1827-3

定价　58.00元

本书如有印装质量问题，可与发行部联系调换

前　言

在我国航天科学实践中，长期面临着多型号同时研发的任务需求、不断探索深度空间技术发展需求、高可靠性指标需求与有限资源的冲突，尤其是与人力资源冲突问题凸显，直接影响了航天型号任务高可靠性指标的实现。目前国内外学术界在安全可靠性和资源配置调度方面有许多研究，但结合航天背景和型号任务需求的研究还没有突破。本书结合航天型号任务需求，重点针对航天型号高可靠性软件任务需求与人力资源配置关系，从理论和实践方面进行探讨，并提供仿真验证结果，探索出软件可靠性分配与人力资源优化配置的新路子、新方法，旨在进一步保障航天型号任务的安全可靠性。

中国载人航天工程，在系统工程、产品质量控制和安全可靠性设计诸方面，始终走在世界前列。它已有的工程技术成就，为我国新一代武器装备研制、生产、试验、鉴定奠定了良好的基础，提供了有益的借鉴。

本书主要为从事高可靠性系统设计任务及高可靠性软件设计任务的工程技术人员提供参考。

本书给出了三个模型、一个人力资源优化调度算法和一个仿真实例及验证结果。

• 以航天型号任务为背景，提出了航天型号软件可靠性分配模型。进一步解决航天型号软件可靠性指标分配不明确、定性容易定量难、难以验证等问题。

• 建立了人力资源配置模型。采用逐层分级的方式，重点考虑人力资源能力、可用性因素，优化配置多项目人力资源，从定性、定量两方面描述型号任务人力资源，使其可分析、可量化，为多项目人力资源优化配置打下基础。

• 建立了软件可靠性分配与人力资源关系模型。从软件可靠性指标等级要求、工程技术人员实际工作能力等因素着眼，给出软件可靠性分配与人力资源优化配置模型，且在实际案例中运用并验证。

• 给出了多项目人力资源优化调度算法。针对航天型号任务多项目并举，对人力资源的使用竞争与冲突问题，采用了遗传算法编码，给出了多项目人力资源优化调度算法的应用案例分析。

• 根据航天型号任务的实际需求，运用上述模型和算法，进行了仿真分析与验证。

限于作者水平和能力，错误和不当之处在所难免，敬请读者批评指正。

致 谢

在本书出版之际，真诚地感谢领导和同事们，给予我工作上的支持。感谢参编人王瑞同志，他在本书成稿过程中，查阅检索了大量国内外文献资料，并提出了有益的建议。

在长期的科学研究与实践中，我非常幸运与中国载人航天工程领域的任务组织者及卓越的同行专家们彼此协同磨合，并肩战斗，共同用人生理想、激情，责任、担当，青春、智慧，锻造出人类的优质工程。

衷心感谢我的博士研究生导师马殿富教授，在本书理论研究和科研活动阶段，给予我悉心指导。他科学求实、严谨治学，让我受益终生。

深深地感激我的父母，由于从小对我进行的理想主义教育，让我在人生追求的过程中，做到了青春无悔、生命无怨。最后感谢我的女儿，她用90后的担当与情怀温暖着我，母女共同用行动诠释了：创造者光荣，为民族复兴努力，义不容辞。

目　录

第1章　绪　论

中国航天事业的迅猛发展，不但使我国成为继苏联/俄罗斯和美国之后的又一航天大国，而且锻造了一支人才济济的队伍，总结完善了一整套航天领域所特有的任务管理模式，这些成就，为我国航天事业的可持续发展奠定了坚实的基础。

在我国航天科学实践中，长期面临着多型号同时研发的任务需求、不断探索深度空间技术发展需求、高可靠性指标需求与有限资源的冲突，尤其是与人力资源冲突问题凸显，直接影响了航天型号任务高可靠性指标实现。目前国内外学术界在安全可靠性和资源配置调度方面有许多研究，但结合航天背景和型号任务需求的研究还没有突破。本书结合航天型号任务需求，重点针对航天型号高可靠性软件任务需求和人力资源配置关系，从理论和实践方面进行探讨，并提供仿真验证结果，探索出软件可靠性分配与人力资源优化配置的新路子、新方法，旨在进一步保障航天型号任务的安全可靠性。

人力资源配置和安全可靠性，表面上看一个是管理模式，一个是工程要求，其实两者有着本质的内在联系。“成功是硬道理”，这是航天工程最基本的要求。在这一要求下，安全可靠性是成功的最基本元素。影响安全可靠性的因素很多，比如科学技术研究发展状况，航天工程体系建设发展状况，地面测控网建设发展状况，飞行器等产品研制质量、成熟度等，但是，最基本的、最重要的是人的因素。没有人的研发能力、实践经验和有效的组织管理，安全可靠性就是一句空话。因此，参研参试人员素质的提升及管理模式的优化是安全可靠性最基本的保障，二者相互依存，相互依赖，相互制约，相得益彰。

1.1　航天型号软件安全可靠性

“载人航天，人命关天”，这是中国载人航天事业发展中管理者反复强调的问题，载人航天是当今世界高新技术领域中最具挑战的领域之一，载人航天工程是任务系统最复杂、风险性极大的高技术、高可靠性工程。

苏联/俄罗斯和美国的航天活动中都曾多次发生过严重故障。截止到2005年年底，据统计：发射段发生的故障占36.8%，其中造成损失最为严重的事件是1986年1月28日美国挑战者号航天飞机爆炸，7名航天员全部死亡；在轨运行段发生的故障占36.2%，导致两艘飞船损毁，3次险些造成重大事故，多次中断航天任务活动；返回着陆段发生的故障占12.9%，造成11人死亡，1人中毒，其中包括2003年2月1日美国哥伦比亚号航天飞机在返回地面过程中解体；地面试验训练阶段发生的故障占13.7%，造成5人死亡，5次火灾。在这些重大事故中，发生故障比例最高的系统是推进系统（25.4%）和制导控制系统（12.3%）。

从这些故障数据可以看出：航天活动在地面试验、发射、运行，直至返回的每一阶段都存在风险，这种风险是全方位、全过程的，也是航天活动所特有的。

这些故障数据还给人们一个警示：成功与风险并存，成功不等于成熟，一次成功不等于次次成功。对于一个庞大的任务系统来说，大到整个系统（火箭、飞船），小到一个软件任务单元、一个元器件，如果产品安全可靠性不满足要求，都会给整个航天活动造成威胁，甚至导致颠覆性后果。

正因为如此，在整个航天工程实施过程中，提高产品安全可靠性，确保成功，始终是航天飞行任务的最高目标和准则。围绕这一目标，中国航天在理论与实践中，制定了与航天产品质量保障直接相关的国军标，各系统、分系统均形成了一套完整的产品研制体系和质量保障体系。

纵观世界航天活动与发展，各国都高度重视航天器的安全可靠性。NASA专门制订了严格的验证标准——美军标MIL-STD-1540D，提出了“任务保证”的概念和要求；欧空局为保证任务顺利实施，重点对项目进行风险评估，以保证安全可靠性；我国在航天活动中，发布了GJB 450A—2004《装备可靠性工作通用要求》和QJ 1408A—1998《航天产品可靠性保证要求》，作为航天型号任务可靠性保障的顶层标准，在型号任务研制过程中得到了广泛应用。

尽管世界各国都高度重视航天产品的安全可靠性，但是，航天活动失败的案例却时有发生。这里有产品质量、人员操作等问题，而因安全可靠性低引发故障则是其根本原因。对在太空飞行过程中出现故障的航天器进行人工修复，效果是非常有限的，航天器一旦出现故障，危害性极大，即使是一个微小的故障，有时也会使整个系统失效，导致颠覆性后果。另外，航天器的运行环境特殊，不确定性因素多，在发射过程中，需要承受振动、冲击、加速度等因素的影响，在轨道上始终受太空复杂环境的影响，航天器需要适应不同的温度、气压、湿度，导致航天器各元器件的故障概率比在实验室环境大许多倍。

在航天型号任务中，关键系统、关键部件中的关键级别软件的安全可靠性对任务成败有着“牵一发而动全身”的重要影响。一方面，随着航天事业的发展，智能化程度越来越高，这就给航天软件的安全可靠性提出了更高要求。另一方面，航天软件的研制与开发程度，在很大程度上取决于研发者的工程经验和开发能力，其安全可靠性取决于或受制于软件研发者。此外，航天型号软件与所属的硬件系统有着很密切的耦合关系，软件的实现和计算机系统的结构、I/O端口配置、外设的输出信号特性等都密切相关。航天高安全可靠性软件一般都有很强的实时性和交互性，要求其具有严格的处理时序。例如，地面飞行控制系统，既要控制航天器，又要与航天员进行交互，因此对这类指挥控制软件的安全可靠性要求很高，同时对其实时性、交互性要求也很高。基于这些高标准的要求，要实现此类软件安全可靠性指标，面临着一系列困难。除此以外，航天软件产品还受限于航天器空间和载荷质量的要求，受限于专用外围设备条件。在地面研制与开发过程中，航天软件产品既受太空环境模拟仿真条件限制，也缺乏成熟的测试工具[1]。因此，高安全可靠性软件的研制与开发，依赖于参与研发的工程技术人员的能力、技术水平、工程经验等因素，在工程型号任务组织与管理中，工程技术人员的能力越来越受到重视。

1.2　人力资源及调度

航天型号任务是一个规模庞大、跨多个学科专业、涉及科研人员众多、综合性强、技术复杂、研制周期长的复杂系统工程，任何一个航天大国，都面临或将面临多型号并举推进的现状。人力资源配置是型号任务管理的重要组成部分，优化的人力资源配置是确保型号满足相应可靠性要求的前提，在型号研制生产过程中发挥着重要作用。

生产过程中的资源包括人员、设备和时间、资金等。调度（Scheduling）是为了实现某一目标而对共同使用的资源实行时间分配[2-3]。调度是使实现目标所用时间最短、成本最低，但质量最高。有效的调度方法和优化技术的研究与应用，是实现先进制造和提高生产效益的基础和关键。改善生产调度方案，可大大提高生产效益和资源利用率，进而增强产品的竞争能力[4]。

在工业生产中，对产品的产量和质量具有决定影响的是生产设备、生产线的数量和质量。在生产过程中根据原料的多少、到位时间和产品交付时间对资源进行调度，以保证最大限度地满足需求方的要求，实现企业的最大利益。而航天软件产品的开发与传统工业生产有很大不同，它是高创新性的智力活动，如前所述，它对航天活动的成败起着至关重要的作用。而对航天软件产品质量影响最大的是软件研制开发人员的综合能力，同时，这种综合能力的提升，在很大程度上又取决于人力资源的配置与调度。早在1987年，美国国防部科学委员会就调查了军用软件的现状，并得出这样的结论，“软件错误主要是管理上的问题，而不是技术上的问题”。任何一项管理，其核心都是资源调度。资源调度是复杂程度很高的组合优化问题，在学术界和工业界有大量关于资源调度的研究，包括资源调度问题描述研究、静态资源调度方法研究和动态资源调度方法研究等。

美国卡耐基·梅隆大学软件工程研究所（CMU-SEI）提出的人力资源能力成熟度模型（People Capability Maturity Model，PCMM）是基于人力资源管理的相关流程域构成的一种分级提升的系统模型，是持续提高组织整体人力资源能力的指南[5]。该模型由成熟度等级、与每个成熟度等级相对应的流程域及每个流程域的目标和管理实践构成。PCMM虽然重视人力资源管理的实践活动，但并未提供针对具体问题的人员调配方法，在具体工作中需要根据模型中的最佳实践建立针对不同问题的具体方法。

中国载人航天工程飞船系统原总指挥袁家军等人[6]针对航天产品研制的管理，提出了工程实施和产品研制的管理思路及人员规划的原则和方法，为我国载人航天事业的顺利发展打下了基础，但这套方法却未提供具体的人力资源调度方法。人力资源调度是复杂的决策过程，需要考虑到各种因素。航天型号项目资源分配既要考虑人力资源的成本，又要考虑人力资源的能力和可用时间，从而对各类型号任务进行整体分配。因此，亟须一种人力资源调度的具体方法。

1.3 可靠性分配与人力资源调度

资源因素是影响可靠性的重要因素[7]。为同一任务研发配置不同的资源会产生不同的可靠性水平，尤其是在软件开发中，人员因素是决定项目成败的关键，它决定了软件的质量和可靠性[8]。在可靠性分配和人力资源调度中，存在着以下问题。

问题一，型号任务可靠性的要求，要以项目周期各个阶段（如论证、方案、初样、试样、设计定型、生产）的起始时间等约束条件和项目重要程度、优先级等因素为前提，通过系统结构化分解，将可靠性指标按照等级分配到若干子项目或更小的工作单元。同时，航天型号任务的安全可靠性对各系统的要求不同，这就需要建立项目可靠性分配模型，进行系统的结构化分解。

问题二，国内外学术界对资源调度与可靠性的关系有部分描述，但没有按照任务或项目可靠性指标需求优化人力资源配置。因此，需要根据型号任务工程实践需求，综合考虑人员能力、可用性、角色、成本等因素，建立型号任务人力资源调度模型，合理分配人力资源。

问题三，在航天型号任务管理中，还没有认清可靠性分配与人力资源配置的关系，没有充分重视人力资源配置对可靠性的影响。这就需要开展可靠性分配与人力资源配置的研究，创建可靠性分配与人力资源关系模型，通过资源的优化调度，在满足各种约束条件的同时，提高型号任务可靠性。

1.4 本书结构及各章主要内容

本书主要研究航天型号软件任务可靠性分配与人力资源调度方法，重点解决航天型号软件任务可靠性指标与人力资源的冲突问题。本书将通过以下五项具体措施解决上述问题：一是根据型号任务总体可靠性指标要求，给出软件可靠性分配模型及方法；二是建立型号任务人力资源模型；三是建立型号任务软件可靠性分配与人力资源关系模型；四是给出多项目人力资源优化调度算法；五是通过仿真实例进行验证，用多项目人力资源优化调度算法对航天型号任务软件项目进行人力资源配置，保障实现航天型号项目可靠性预期。

本书的章节设置及其主要内容如下：

第1章，介绍本书的研究背景、主要内容和研究目标。

第2章，对软件任务可靠性与人力资源调度问题国内外研究成果进行比较分析。主要从航天型号软件任务特点、软件任务可靠性分配模型及方法、人力资源模型与调度算法、可靠性分配与人力资源调度优化等方面进行分析和比较，确定本书研究的主要问题和研究思路。

1）通过建立可靠性分配模型，把可靠性总体指标分解到各子系统直至工作单元，初步根据航天型号任务软件可靠性等级要求进行人力资源优化配置，使可靠性要求得以保障。

2）通过建立人力资源配置模型，针对软件研制活动流程，各软件任务人力资源配置要求，以及人力资源配置受软件关键级别、软件任务规模、软件活动性质及软件工程技术规范等约束条件的限制，采用逐级分解的方法，结合人力资源能力和可用性等因素，对型号任务人力资源进行分析、度量，从定性、定量两方面描述型号任务对人力资源的需求，为实施多项目人力资源优化调度打下基础。

3）通过建立可靠性分配与人力资源关系模型，进一步明确可靠性和人力资源相互依赖、相互作用的关系，解决依据可靠性分解指标，应当配置怎样的人力资源，以及所配置的人力资源是否满足可靠性分解指标要求等问题，为人力资源的配置决策提供依据。

4）通过多项目人力资源优化调度算法的提出，给出航天型号多项目人力资源优化调度问题的数学描述及可选方案，为解决型号任务多项目并举对人力资源的需求发生冲突等问题提供优化调度方案和良好的决策支持。

第3章，介绍了面向航天型号的软件任务可靠性分配模型及方法。针对任务总体可靠性要求，各系统、分系统、子系统、项目的可靠性要求，研究任务可靠性分配的基础模型及方法。基于可靠性分配基础模型，考虑资源优化配置，在既满足任务总体可靠性需求，同时又考虑时间、成本影响的情况下，使人力资源配置达到最优，实现成本和时间双节省，得到软件任务的可靠性优化分配方案。

第4章，建立了基于工程能力的型号任务人力资源模型。航天型号软件任务人力资源模型主要是针对多项目、多资源冲突影响航天型号任务可靠性指标实现提出来的。本书根据航天型号任务工程实践需求，综合考虑能力、可用性、角色、工程成熟度、成本等因素，采用分级方式建立型号任务人力资源调度模型，为建立多项目人力资源调度算法打下基础。

第5章，建立了型号任务可靠性分配与人力资源关系模型。通过该模型实现多项目人力资源优化调度算法在工程实践中的应用，并进行航天型号项目人力资源配置，本章是航天型号项目安全可靠性研究的关键。本章主要描述活动-资源-工作量-可靠性的映射关系，给出人力资源与可靠性分配之间的约束关系模型，为建立满足可靠性要求的多项目人力资源调度优化算法打下基础。

第6章，提出了多项目人力资源优化调度算法。研究院所同时承担多个项目时，人力资源冲突不可避免，本章研究实现多项目人力资源优化调度的算法，保证在满足可靠性需求的前提下，使人力资源配置达到最优，并用实例说明算法的有效性。

第7章，介绍了仿真实验分析与验证。

第2章　软件任务可靠性与人力资源调度研究现状

航天型号任务研发是一项多学科、多专业有机结合的系统工程，其具有投资巨大、技术复杂、综合性强、协作面广、研制周期长、质量和可靠性要求高、风险大、管理难的特点。承研单位需注重自顶向下的任务可靠性分配，在可靠性分配的基础上，对有限可配置资源进行优化调度，实现任务的高可靠性。本章结合相关研究概述，重点分析任务可靠性分配与优化、人力资源模型与调度、优化算法等领域的研究现状，综述国内外状况，并进行比较分析。

2.1　软件可靠性

本书主要涉及可靠性工程领域与软件工程领域的内容，主要分析可靠性描述、可靠性分配与优化等现状，并就软件生存周期、人力资源与软件可靠性的关系、资源调度等进行综述。

可靠性工程作为一门新兴学科仅有半个多世纪的历史。20世纪70年代，由于航空航天工业及核武器装备竞争的需要，可靠性工程研究进入了全面发展阶段，取得了许多令人瞩目的成果。20世纪90年代出现的软件可靠性工程，迎来了软件可靠性理论与应用相结合的新时代，其后，软件可靠性研究工作有了较快发展。

2.1.1　基本概念

可靠性是指产品在规定的条件下，规定的时间内，完成规定功能的能力[9]。这里的产品可以泛指任何系统、设备和元器件。可靠性的定义包含三个要素："规定条件""规定时间"和"规定功能"。

1983 年美国 IEEE 对"软件可靠性"做出了明确定义，此后该定义被美国标准化研究所接受并成为国家标准，1989 年我国也接受该定义为国家标准。该定义包括两方面的含义：1）在规定的条件下和规定的时间内，软件不引起系统失效的概率；2）在规定的时间周期内，在所述条件下程序执行所要求的功能的能力。其中的概率是系统输入和系统使用的函数，也是软件中存在的故障的函数，系统输入将确定是否会遇到已存在的故障（如果故障存在的话）。

针对可靠性的重要性，国内外学术界和工业界都给出了与可靠性相关的标准，其中，IEEE 软件可靠性标准主要包括软件可靠性度量体系和软件可靠性评估两方面：软件可靠性度量体系由 IEEE Std 982.1—2005《软件可信性度量词典》和 IEEE Std 982.2—1988《软件可靠性度量实施指南》组成。软件可靠性评估标准主要包括 IEEE Std 1633—2008《软件可靠性操作规程》。

我国相关的标准有 GJB/Z 102—1997《软件可靠性和安全性设计准则》和 GJB 451A—2005《可靠性维修性保障性术语》。GJB/Z 102—1997 介绍了软件可靠性设计的目的及实现的技术方法，我国虽然开展了软件可靠性标准化工作，但是还处在相对落后的阶段；GJB 451A—2005 对产品的可靠性、维修性、保障性术语进行了定义，但是，IEEE Std 982.1—2005 中有 9 条度量参数是国内标准所没有的，占度量参数总数的 75%，其中包括危险因子、剩余缺陷数、剩余测试时间、网络可靠性、缺陷密度、测试覆盖率、故障密度、软件需求的可追溯性等。

下面主要从导致软件可靠性降低的四个因素（错误、缺陷、故障和失效）出发，深入辨析这几个概念，并归类总结，以更好地了解产生软件可靠性问题的根源。

软件错误是指计算、观察的测量值或状态与真实的、规定的或理论上的正确值或状态之间不相符。软件错误是指在软件生存期内出现的不希望或不可接受的错误，它是在软件设计和开发过程中引入的，软件错误将导致软件缺陷的产生。软件错误是一种人为结果，它是由人的不正确或疏漏的行为造成的，是软件开发活动中不可避免的一种行为过失。软件错误最终能否导致系统失效是由系统组成、系统行为和应用领域决定的。在设计高可靠性软件系统时，一个至关重要的问题是错误被检测的程度，错误完全被检测是不可能的，只能一定程度上被检测到。能被检测到的错误通常以消息或信号的方式出现，不能被检测到的错误称为潜在错误。根据系统在出现可检测错误后的症状，可以将错误产生的影响分为：1）继续正常服务，即出错后服务器仍能完成所有预定功能，并根据需要发出报警信号；2）降级服务，即停止次要服务，以保证关键服务的正常提供，直到错误处理完毕；3）防危导航，放弃提供服务，并将系统导向防危状态；4）安全关闭，可进一步细分为部分或完全关闭、立即停止故障机器而不关闭整个系统、当前行为一旦完成便立即停止；5）坠毁或崩溃，此时系统不提供任何服务，该错误甚至会导致其他系统被破坏或造成人员伤亡。

软件缺陷是指存在于软件（包括说明文档、应用数据、程序代码等）中的不希望的或不可接受的偏差。软件缺陷是程序本身的特性，以静态形式存在于软件内部，是软件开发过程中人为错误造成的。当软件运行于某一特定条件时，软件缺陷将导致系统出现软件故障，即软件缺陷被激活。

软件故障是指软件运行过程中出现的一种不希望或不可接受的内部状态。软件故障是一种动态行为，是软件缺陷被激活后的表现形式。软件故障总是由软件错误引起的，但是软件错误不一定引起软件故障。当软件运行中出现软件故障时，如果没有采取措施及时处理，便会导致软件失效。

软件失效是软件运行时产生的一种不期望的或不可接受的外部行为结果，表现为系统运行行为偏离了用户要求。所有的软件失效都是由软件故障引起的。软件失效实质上就是引起系统失效的软件故障，但是软件故障不一定使软件失效。系统并不一定以同样的方式失效，其失效的方式称为失效模式。失效模式可以从物理属性、用户对失效的主观观点、失效后果的严重性进行划分。按照物理属性，失效可以分为值域失效和时间失效。按照用户对失效的主观观点，失效可以分为一致失效、非一致失效和顺序失效。

2.1.2　软件可靠性分析与评测

我们主要从软件可靠性工程的角度，结合软件可靠性分析方法、软件可靠性评测、软件容错技术进行现状分析。

软件可靠性是分析与设计出来的，在定义软件可靠性参数和指标后，应进行软件可靠性分析与设计。Reifer 最早于 1979 年提出了软件 FMEA 的概念[10]，IEEE 1044—1993《软件异常的分类》给出了软件异常的分类，软件 FTA 分析是 20 世纪 80 年代初从系统与硬件可靠性领域引入到软件领域的，目前已得到广泛的应用[11]。软件 FMEA 已经成功应用于安全关键领域[12]，GJB/Z 1391—2006《故障模式、影响及危害性分析指南》给出了嵌入式软件 FMEA 的分析方法。

软件可靠性分析方法通常包括 FTA（故障树分析）、SFMECA（软件失效模式影响及危害性分析）、SFTA（软件故障树分析）、ETA（事件树分析）、基于 Petri 网的相关技术与方法等[11]。FTA 是在系统设计过程中，通过对可能造成系统故障的各种因素（包括硬件、软件、环境、人为因素等）进行分析，画出逻辑框图（即故障树），从而确定系统故障原因的各种可能组合及其发生概率，以计算系统故障概率，采取相应的纠正措施，提高系统可靠性的一种设计分析方法。SFMECA 方法目前仍然是一种处于开发阶段的可靠性分析技术，应用案例不多，主要是借鉴硬件 FMECA 方法进行软件可靠性分析的初步探索和尝试。只能说 SFMECA 有益于软件可靠性，但在多大程度上有益于软件可靠性，如何进行分析等都亟待解决。SFMECA 一般包括下列几个步骤：系统定义、风险分析、结构分析、定义选择的层次和基本单元、对基本单元进行分析、填写分析表格、危险度分析、提出纠正和改进措施。综合分析方法是将 SFMECA 与 SFTA 相结合，以发挥各自的优势，弥补单独使用的不足。综合分析方法分为正向分析方法和逆向分析方法。正向综合分析方法为先进行 SFMECA，然后选取分析结果中关键的系统影响作为顶事件进行 SFTA，从而对关键的顶事件进行充分的分析，提出更为完善的改进措施。逆向综合分析方法为先进行 SFTA，然后选取分析结果中关键的底事件，对其进行 SFMECA，分析关键底事件可能产生的其他重要影响，并验证 SFTA 中的失效线索是否存在。然而 SFTA 方法没有考虑故障发生的时序关系，SFMECA 方法需要对系统可能的故障模式和影响比较熟悉，所以很难对具有多故障模式的复杂系统进行可靠性分析。

ETA 已广泛应用于航空、航天、核工业、化工等多个领域[13]，通过 ETA 不仅能够定性地分析事件的动态变化过程，识别连锁事故，制定预防事故的改进措施，而且能够定量计算出后果事件的发生概率。Petri 网作为一种动态的图形化建模工具，可用于表达系统的逻辑关系和描述系统的动态行为，并通过令牌在 Petri 网中的流动来反映系统中可能发生的各种状态变化及变化间的因果关系，因此，常常在 SFTA 和 SFMECA 方法中引入 Petri 网来解决使用上述两种方法时遇到的问题[14]。文献［15］针对装甲车辆综合电子系统耦合性强、动态离散和复杂度高的特点，运用动态故障树方法对系统可靠性进行了分析判别，并运用随机 Petri 网建立了故障树的仿真模型。文献［16］将 Petri 网在系统可靠性分析中的应用分为五大类，即基本行为描述、故障树简化、故障诊断、指标的解析计算和可靠性仿真分析等。文献［17］将 Petri 网应用于系统的可靠性分析，通过对故障树进行建模，提出了一种新的矩阵法来方便、快捷地求解故障树的最小割集和最小路集。文献［18］是基于系统可靠性 Petri 网模型的逆模型和基于 ECS 的解冲突算法，得到一种新的求解单调关联系统最小割集的算法。文献［19］针对目前所提出的软件可靠性模型大多有着一定的应用条件和适用范围，不能适应复杂多变的应用环境的要求，提出了一种基于随机 Petri 网的软件可靠性分析方法，该方法有利于降低可靠性描述与分析的复杂度，提高评价和预测可靠性的精确度。文献［20］将 Petri 网和故障树分析技术联合，对系统的故障率进行定量的分析。

软件可靠性评测主要包含软件测试和软件评价两个方面。软件测试旨在通过测试发现软件中存在的故障，从而不断排除故障以提高软件可靠性。在软件可靠性测试用例产生方面，运行剖面、马尔科夫模型等概念的提出，使得测试用例选取能够真实地反映软件的使用方式。软件可靠性评价主要依据软件可靠性增长测试产生的数据进行可靠性建模。自 1967 年 Hudon 提出了软件可靠性的生灭过程模型以来[21]，经过多年的研究与发展，出现了近百种软件可靠性模型，但是因为模型的假设不同、适用场景描述不同、数据收集要求不同、模型建立基础不同，没有一种模型是普遍适用的，学术界和工业界也没有在认识上进行统一。从模型的假设是否合理、实际应用是否简便及适用范围是否广泛等方面来看，现有的研究还有待进一步深入探索。

在软件测试中，采用模拟被测目标软件实际运行环境进行测试得到了国内外专家的一致认可。合理设计目标软件的运行环境，较为真实地加以模拟，不但可以检测到目标软件在运行过程中存在的故障，而且可以保证测试结果的真实可信，如文献［22，23］中给出的实时嵌入式软件的可靠性仿真测试研究。

在软件可靠性评估领域，目前主要依据软件可靠性模型来定量估计和预测软件可靠性。如何使软件的可靠性模型更为符合实际的软件失效过程，如何选择更恰当的模型来评价软件可靠性，如何评价软件可靠性模型的有效性和预测能力等，是可靠性评估领域研究的重点。文献［24］给出了一种基于贝叶斯方法的软件可靠性评估模型，主要针对基于程序运行剖面的软件可靠性评估方案进行研究。文献［1］给出了航天型号软件的测试问题，并结合相关标准，设计实现了基于代码审查的自动化测试工具。文献［25］提出了基于模型聚类的混合模型方法，并进行了实验性仿真分析，使得评测的结果精度较好、易于实现。

软件可靠性保障的理论研究和技术途径很多，主要使用差错检测、损害评估、差错恢复和错误处理等技术与方法。在软件设计阶段最常用的是避错技术和容错技术。避错技术是通过采用正确的设计技术和质量控制方法，尽量避免把错误引入系统，也就是防止故障出现或引入，这一技术主要运用于系统的设计和维护阶段。在系统的设计阶段，从需求分析、系统定义与设计到编码，每个步骤都必须最大限度地保证其合理性和正确性，以避免缺陷引入。容错技术是利用外加资源冗余的技术，使系统在发生故障时仍能提供正确的服务。容错是设计和实现高可靠性软件系统最主要的技术和要求。容错分为硬件容错和软件容错，在具有硬件容错能力的计算机系统中，其 65％的失效来自软件，仅有 8％的失效来自硬件。软件容错设计的主要方法有信息容错、时间容错及软件结构容错[26]。任何一种容错方法都包含错误检测、错误处理、错误恢复三个过程。容错软件设计的主要方法有恢复块、N-版本程序设计、一致性恢复块等。1986 年的切尔诺贝利核电站事故和挑战者号航天飞机的失事，使人们进一步认识到大型复杂系统中引入容错技术的重要性。

软件避错设计的前提是遵循软件工程化，伴随着软件工程化技术与方法的丰富与发展，软件避错设计从最早的依赖于程序员的个人能力发展到如今可依赖的软件生存周期模型、结构化方法、面向对象技术与方法、设计模式、过程建模技术等工程化设计原则与方法。软件容错设计使软件能容忍残留错误，提高运行的可靠性，比如向前恢复方法提供了鲁棒操作，这样的鲁棒操作试图保证软件不会发生灾难性毁坏，但它不能屏蔽来自环境的错误，为了保证在发送错误的前提下继续进行正确的操作，必须采取多样性的软件设计与方法，如软件中引入错误处理模块、自学方法等。容错技术在过去几十年中进行了大量试验鉴定，在提高软件可靠性方面是非常有效的，从而形成了一种技术，叫作容错技术。目前一些形式化方法和容错技术相结合派生出的方法，也可以提高软件的可靠性。

Baber R L 系统论述了软件避错的七个原理，即简单、同型、对称、层次、线型、易证、安全[27]。最常用的容错设计技术就是恢复块技术和 N -版本程序设计技术；1975 年 Brian Randell 最早提出了一种恢复块技术[28]，给出了一种动态屏蔽方法；Avizienis 等人于 1977 年就提出和推广 N -版本程序设计技术[29]；在上述基础上，Scotta 等人提出了一致性恢复块、接受表决、N 自检程序设计以及考虑版本间失效相关的容错技术，但目前这些技术仍处于理论研究阶段，其工程上的应用尚有待进一步的实践[30]。

通过对星载系统软件可靠性模型的失效关联分析，给出了基于故障注入的星载系统三模冗余可靠性的计算方法[31]。文献［26］基于最大化原则，提出了一种基于软件体系结构的高可信软件可靠性测评框架，采用结构容错方法提高软件可靠性。

2.2 可靠性分配模型及方法

2.2.1 概述

可靠性分配是在保证任务目标可靠性的前提下，对系统内部各部分进行分析，逐级分解成一组系统、多组分系统、若干子系统、一个个基本部件、N 个单元，在分解过程中，以低耦合、高凝聚为原则，伴随着系统、分系统、子系统、部件、单元的可靠性指标要求的再分配，以期在系统开发成本一定的情况下，满足用户可靠性要求。

软件可靠性优化分配问题已被越来越多的国内外学者所重视。最初提出软件可靠性分配思想的是 Helander 等人，他们在文献[32]中提出了一种可靠性分配模式 RCCM（Reliability Constrained Cost Minimization）。

可靠性分配通常遵循如下原则：

1）复杂度高的分系统、设备等，应分配较低的可靠性指标，即产品越复杂，组成单元就越多，达到高可靠性越困难，且花费更多；

2）技术上不成熟的产品，分配较低的可靠性指标，即提出高可靠性要求会延长研制时间，增加研制费用；

3）在恶劣环境条件下工作的产品，分配较低的可靠性指标，即恶劣的环境会使产品故障率升高；

4）当把可靠性指标作为分配参数时，对于需要长期工作的产品，分配较低的可靠性指标，即产品的可靠性随着工作时间的增加而降低；

5）重要度高的产品，分配较高的可靠性指标，即重要度高的产品发生故障会影响人身安全或任务的完成；

6）结合实际，考虑其他一些因素（维修性、保障性等），即可达性差的产品，分配较高的可靠性指标，以实现较好的综合效能；

7）已有可靠性指标的货架产品或使用成熟的系统/成品，不再进行可靠性分配，要从总指标中剔除这些单元的可靠性值。

可靠性指标分配的内容主要包括：

1）建立可靠性结构模型；

2）确定可靠性指标分配方法；

3）进行可靠性指标分配；

4）进行可靠性指标验证。

基本的可靠性分配方法有等值分配法、相似程序法、基于重要度的分配方法、基于复杂度的分配方法、基于运行时间的分配方法、基于故障率的分配方法，这些方法简单易用，但很粗糙，实现的效果不够理想。国外研究较多的可靠性分配方法有基于任务的可靠性分配方法、基于故障树的可靠性分配方法和基于 AHP 的可靠性分配方法等。

2.2.2　基于任务的可靠性分配方法

实时多任务软件的可靠性分配与一般的通用软件不同，需要充分考虑实时多任务软件自身的特殊性，即各个任务在系统中具有不同的运行时间比例和不同的故障强度。为使可靠性指标分配合理可行，除了要考虑软件的复杂性因素外，还必须考虑构成系统应用软件的各个子系统或模块的重要性及执行强度。某一模块的重要性越大，复杂性越小，执行强度越高，该模块的可靠性要求就越高，分配给该模块的可靠性指标也就越高；反之，则分配给该模块的可靠性指标就较低。在对各个任务模块的重要度和复杂度进行充分分析之后，提出如下可靠性指标分配模型

$$\lambda_i = \frac{\lambda_s \dfrac{w_i}{c_i} t_i}{\sum_{i=1}^{k} \dfrac{w_i}{c_i} t_i}, \quad i = 1, 2, \cdots, k$$

式中　λ_i ——任务 i 分配到的故障率；

k ——任务的总数目；

t_i ——任务 i 的运行时间；

λ_s ——系统的故障率；

w_i ——任务 i 的复杂度系数；

c_i ——任务 i 的重要度系数。

模型中系统的故障率 λ_s 是系统应用软件预期所要达到的指标，在系统技术规格书等相关文档中已明确给出；系统总的工作时间 t

及各个任务的运行时间 t_i 由对系统的实时性要求及对各个任务事先分配的时间片确定。模型应用的关键是确定任务模块的复杂度系数 w_i 和重要度系数 c_i 。复杂度系数 w_i 可以按照 Halstead 软件复杂性度量方法进行确定，重要度系数 c_i 可以通过软件执行强度及软件重要度的选择方法进行确定，计算公式如下

$$c_i = \alpha_i \cdot p_i$$

式中　p_i ——任务 i 执行频率（强度）；

α_i ——任务 i 的重要度加权系数，$0 < \alpha_i < 1$，由经验来确定。

2.2.3　基于故障树的可靠性分配方法

把故障树技术运用到可靠性分配中，所创建的快速分配模型具有直观、有效、简单的特点，并且通过图形演绎的方法，表达了系统的内部联系及其关键模块，从而有效地指导用户有针对性地进行可靠性指标分配。但故障树分析法要求研究人员对软件结构十分了解，这增加了此方法使用的难度。基于故障树的可靠性分配方法的步骤为：

1）用下行法求故障树的最小割集；

2）假设软件系统最大可接受失效率为 F，而且系统由 n 个模块组成，令它们分别为 m_1，m_2，…，m_n， 通过用 SFTA，我们得到 x 个最小割集。

引入一个算法来解决如何给模块分配可靠性的问题。算法：设某个最小割集包含 i 个模块，则此最小割集中各个模块所能容忍的最大失效率为：$F_{m_j} \leqslant \left(\frac{F}{x}\right)^{\frac{1}{i}}$，$j=1$，2，…，$n$。如果在最小割集中存在交集，那就是说，某个模块的 F_{m_j} 可能有 k 个不同的值，令它们为 y_1，y_2，…，y_k ，则 $F_{m_j} = \min(y_1, y_2, \cdots, y_k)$ 。

2.2.4 基于 AHP 的可靠性分配方法

基于 AHP（Analytic Hierarchy Process）的可靠性分配是一种基于功能概图的分配方法，它考虑了系统的开发成本，能在保证系统可靠性达到一定要求的条件下，节约开发资源，但是其算法比较复杂，而且功能概图的确定也具有一定的主观性。下面以软件可靠性分配为例说明基于 AHP 的可靠性分配方法。

1）软件可靠性分配的递阶层次模型。F. Zahedi 和 N. Ashrafi 模型[33]确定的软件可靠性分配原则是：在最大限度地满足用户对软件系统的可用性要求的基础上，进一步确定单个软件配置项应达到的软件可靠性指标。该模型实际上是一个优化问题，它所确定的统一的软件可靠性层次划分方法如图 1 所示。软件产品首先按功能划分功能层（F 级），再把功能按程序进一步划分为程序层（P 级），最后把程序划分为模块层（M 级）。再往下可以进一步划分为子模块层，但规定：每个模块下面的子模块属于且仅属于该模块，不得由另外的任一模块调用。而且，该模型只将可靠性指标分配到模块级为止。

设共有 m 个互相独立的模块，记为 m_1，m_2，…，m_m。首先要确定在 P 级的每个程序的相对重要性。这里有两种不同的观点：a）用户观点。用户仅关心 F 级，不可能（也不应该）看到 P 级和 M 级。因此在确定相对重要性时，不可能仅靠对用户的直接询问来解决。b）程序员观点。他们最关心 P 级和 M 级的实现，对 F 级的了解，远不如用户。这时，应用 AHP 可以很好地解决这一问题。

2）软件可靠性分配的 AHP 模型。定义可用性为 $U=\sum_{i=1}^{f} w_{f_i} \cdot r_{f_i}$ 其中，w_{f_i} 为功能 f_i 的全局相对权，r_{f_i} 为功能 f_i 的可靠性。类似地，可以取 $U=\sum_{i=1}^{p} w_{p_i} \cdot r_{p_i}$，其中 w_{p_i} 为程序 p_i 的全局相对权，

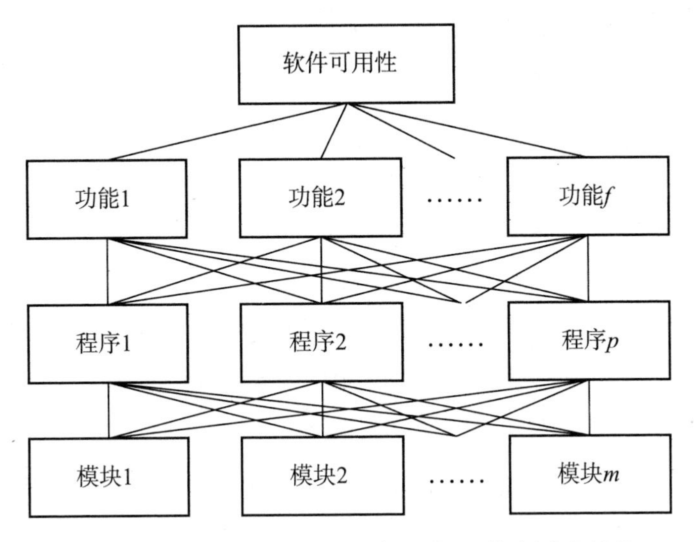

图 1　基于 AHP 的软件可靠性分配递阶层次结构

r_{p_i} 为程序 p_i 的可靠性。类似地，还可以取 $U=\sum_{i=1}^{m} w_{m_i} \cdot r_{m_i}$，其中 w_{m_i} 为模块 m_i 的全局相对权，r_{m_i} 为模块 m_i 的可靠性。此式将软件可用性与基于软件结构的可靠性紧密结合起来。设软件中全部模块 $m_i(i=1, 2, \cdots, m)$ 都是独立的，程序 p_i 的可靠性可以写成组成 p_i 的所有模块的可靠性之积 $r_{p_i}=\prod_{j \in m_i} r_{m_j}$ 其中，m_i 表示实现功能 i 的模块集。从而得到 $U=\sum_{i=1}^{p} w_{p_i} \cdot \prod_{j \in m_i} r_{m_j}$ 因此，基于层次分析法的软件可靠性分配模型建立如下

$$\begin{aligned} &\max_{r_{m_j}} U=\sum_{i=1}^{p} w_{p_i} \cdot \prod_{j \in m_i} r_{m_j} \\ &r_{m_j} \leqslant \mu_j \quad j=1,2,\cdots,m \\ &r_{m_j} \geqslant l_j \quad j=1,2,\cdots,m \end{aligned}$$

其中，μ_j 是模块 j 可能取得的可靠性的上限值，称为“可行的”可靠性水平。l_j 为模块 j 的可靠性下限值，称为“最低可接受的”可靠性水平。μ_j 和 l_j 构成系统控制目标，它们可以由软件工程师在软件产品的计划和设计阶段确定。默认 $\mu_j=1$，$l_j=0$，一旦模块可靠

性分配 r_{m_j} 完成，就可进行程序可靠性 r_{p_i} 分配。自此，软件可靠性分配的模型建立完成。这种建模方式有个前提条件，即假定软件系统被划分为独立的模块，每个模块的可靠性都不依赖于其他模块，也就是说，模块的接口在构建软件架构时并不起重要的作用。

国内研究软件可靠性分配方法的文献［34］提出了一种基于开发费用的软件可靠性分配模型，并给出了基于扩散式遗传算法的分配模型求解方法；文献［35］给出了结合实际数据综合运用的基于频率比的可靠性分配模型、基于预算约束最大化软件实用性的可靠性分配模型、基于模糊线性规划的软件可靠性分配模型以及基于软件故障树分析的可靠性分配算法等；文献［36］结合费用最优模型和非线性规划理论给出了一种可靠性和费用分配最优模型。

可靠性结构模型是指用于反映系统结构逻辑关系的数学方程，总的来说，可靠性结构模型有两类，即串联系统模型和并联系统模型。有关学者分别对复杂系统的串并联模型进行了研究，给出串并联系统可靠性的关系模型及相关的分配原则[37-38]。

2.2.5　本书研究方法优势分析

软件可靠性分配是基于软件可靠性结构模型而来的，通常划分为以下几类：串联模型、并联模型、串并联模型、一般网络系统（大型复杂系统）、k－out－of－n 模型［又称为 $G(F)$ 系统模型，即 F 多状态可修系统模型］等。

20 世纪 60 年代，文献［39，40］提出了一种可靠性串联分配模型，其特点是模型简单、易于理解，并考虑了费用约束，不足之处在于未能考虑大型复杂系统串并联组合情况。

20 世纪 70 年代，文献［41，42］提出了可靠性并联分配模型，其特点是考虑了串并联系统约束情况、系统各部分费用问题，并使用修订后的最简化序列模式进行搜索，不足之处在于该算法还需要进一步优化，如未考虑启发式及其他智能算法。文献［43］针对串并联结构提出了一种基于参数的可靠性分配方法，该方法在费用约束下进行系统可靠性分配与优化。

20 世纪 90 年代，文献［44］针对串并联结构问题提出了一种基于遗传算法的可靠性分配与优化方法，该方法主要针对可靠性冗余分配提出了一种元搜索算法，其在大型复杂系统中的应用还有待进一步验证。文献［45，46］针对复杂网络结构提出了多目标优化权衡的解决方案，分别采用了随机搜索技术和动态规划技术，其特点是不单纯追求系统可靠性最高，而是考虑多个因素的影响以追求多目标综合优化。文献［47，48］给出了 k－out－of－n 模型，旨在解决部分可修系统的可靠性分配问题，其主要特点是在满足可靠性要求的基础上实现费用的最低化目标，重点在可替换部件/可修件的可靠性分配上。

通过对上述文献的比较分析，我们可以得到型号任务可靠性分配建模的方法，主要包括：1）连续型组件可靠性问题，可通过非线性规划方法进行求解；2）离散与连续混合型可靠性问题，可通过非线性整数规划方法求解；3）系统或分系统可靠性冗余问题，可应用启发式算法、智能算法等进行优化；4）上述问题的混合问题，可以由单目标或多目标进行优化求解。现有软件任务可靠性分配存在的主要问题在于自上而下分配时，未充分考虑部件层能否满足可靠性要求以及分配的资源是否具备可靠性要求的能力，另外，未将可靠性分配问题与项目具体工作加以结合，难以与各参研单位完成项目的能力相结合，更未能解决好成本、进度、可靠性等指标的优化[49]。

本书提供的解决方案，主要是以项目周期各个阶段的起始时间等约束条件和项目重要程度、优先级等因素为前提，提供一种项目可靠性分配模型，通过系统结构化分解，将可靠性指标按照安全可靠性等级要求分配到若干子项目或更小的工作单元，以满足安全可靠性可行性论证、可靠性分析与设计、可靠性验证等实际需求。

2.3　人力资源模型与调度算法

在我国航天多种型号任务并举推进的情况下，多种型号软件任务人力资源配置调度问题就突显出来，研究解决该问题采取从一般性到特殊性，再从特殊性到普遍性。本节重点对国内外人力资源调度模型进行分析研究。

2.3.1　车间调度问题

车间调度是我们最常见的资源调度问题，涉及人、机器和环境，其调度方法值得借鉴。

车间调度（Job - Shop Scheduling，JSS）是生产管理及组合优化等领域的热点之一。其问题描述如文献［50］所述：车间配有 m 台机器，要加工 n 种工件，每种工件都由若干个操作组成；加工过程还需满足以下约束条件，即：1）同一时刻同一台机器只能加工一个零件；2）每个工件在某一时刻只能在一台机器上加工，且不能中途中断每个操作；3）同一工件的工序之间有先后约束，不同工件的工序之间没有先后约束；4）不同工件具有相同的优先级。图 2 和图 3 分别给出面向机器和面向工件的车间调度问题的甘特图。

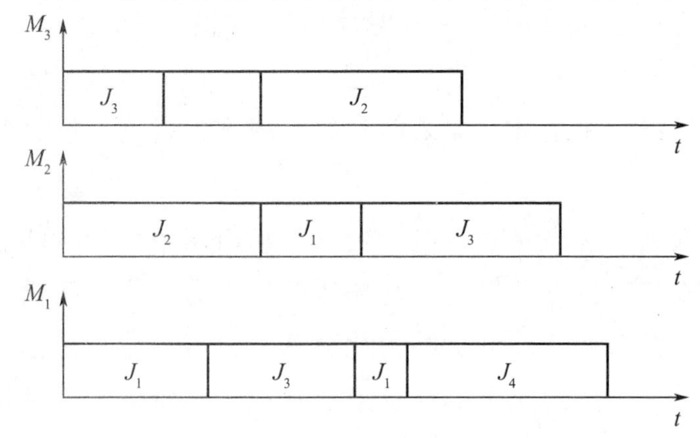

图 2　表示 4 个工件与 3 台机器的面向机器的甘特图

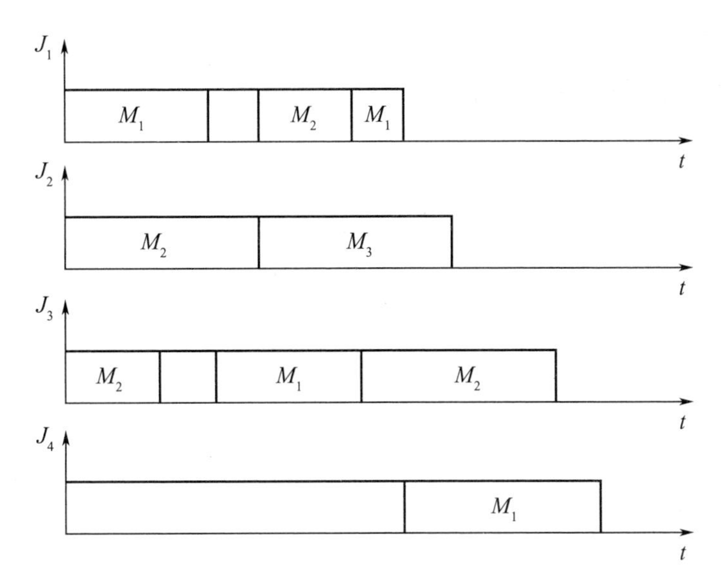

图 3　表示 4 个工件与 3 台机器的面向工件的甘特图

RCMPSP（受限资源的多项目调度）和 JSS 问题都是工业生产中的资源调度问题。

文献 [51] 针对生产调度方案在执行中遇到异常，需要修复调度方案的问题，提出一种启发式调度修复机制。该方法给出机器故障、处理时间变更、异常工作、紧急工作等事件发生时，通过启发式算法，确定修复调度的行为。该方法有助于修复调度执行中的异常。此外，文献 [52 - 57] 等都用启发式算法解决资源优化调度问题。

国内文献 [58] 针对并行多机成组工作总流水时间调度问题提出一种启发式优化调度算法。该方法给出并行多机调度模型，提出了解决并行多机成组工件极小化最大流水时间调度问题的启发式算法。该方法能够求得并行多机成组工件调度问题的近似最优解，不足之处在于难于保证大规模复杂问题的求解效率，并容易陷入局部最优。

文献 [59] 针对在调度理论和实际应用之间存在的鸿沟，为了让调度理论更好地在企业中应用，就需要计算机专家、调度专家和现场调度员进行紧密的合作，研究并开发面向实际生产调度的理论和应用软件，此研究给了我们很大的启发。

2.3.2 软件任务资源调度模型算法分析

由于软件开发过程高度依赖于人的能力，人力资源是调度中的核心资源，因此调度问题描述中最关键的是人力资源的描述。资源调度的目标是获得最大的价值（例如最短时间、最高可靠性等），该问题是一个非常复杂的组合优化问题，具有 NP 难等特点[60]。因此，需设计相关的高效优化算法，在可容忍时间和空间内给出最优解或次优解。启发式搜索方法最初是由于人工智能中问题求解程序的搜索器而被开发出来的。启发式搜索方法依靠任务无关信息来简化搜索过程，在很多情况下，问题求解可视为系统化地构造或查找解答的过程[61]。启发式方法通常容易理解并易于在资源优化问题上有效应用[24]。

文献［62］针对软件研发人力资源调度问题，提出一种基于启发式搜索的人力资源调度算法。该方法将软件研发人力资源调度描述为一个约束满足问题，给出调度的约束和目标，通过启发式搜索给出人力资源优化调度方案。该方法可在设定不同调度目标情况下给出优化调度方案，支持项目经理作决策，其不足在于启发式算法效率低，并且调度必须基于对活动的准确估算。

文献［63］针对项目执行的不确定性问题，提出两阶段资源受限鲁棒调度方法。第一阶段用基于优先级规则的启发式方法最小化项目的时间，第二阶段为上阶段给出方案增加鲁棒性；该方法给出了具有鲁棒性的有效的资源调度方案，不足之处在于无法解决不确定性频繁影响项目的情况。

文献［64］针对资源受限项目调度问题给出基于关键链的资源受限项目调度方法。该方法首先采用基于优先规则的启发式算法生成工期最小的近优项目计划，再在该计划中嵌入输入缓冲和项目缓冲，保证项目计划在非确定环境下的稳定执行。仿真结果表明，该方法能保证整个项目工期及关键链上的工作顺利进行，不足之处在于资源描述简单，求解复杂问题的效率低，容易陷入局部最优。

启发式搜索方法的优点是利用了面向特定问题的知识和经验，因而可以产生好的解决方案，求解时间也可以接受。启发式搜索方法的缺点是用来评估解决方案的质量手段还较少，如何提高搜索效率并减少内存使用以解决规模较大的问题，还需要进一步探索。而且，由于启发式方法不能遍历所有可能性，该方法的内在问题是不能保证获得全局甚至局部的最优解。

为了解决启发式优化调度方法的问题，研究者提出了不同的智能优化算法，包括邻域搜索[65]、模拟淬火、蚁群优化、遗传算法[66]。在这些算法中，遗传算法以其简单有效、与问题域独立等优点，得到广泛应用。

在生产调度领域，文献［67］给出多项目资源调度中性能的度量以及各种约束条件，采用遗传算法解决多项目资源优化调度问题。文献［60］基于多状态遗传算法实现了柔性车间调度。

在软件开发领域，文献［61］针对软件项目中的调度问题，给出一种基于遗传算法的资源调度方法。该研究建立了活动需求与人力资源技能的匹配关系、工作量在活动上的分配方式及成本计算方式，通过遗传算法对软件项目人力资源进行优化调度。该方法能高效给出各种条件下的资源调度方法，支持管理者作决策，不足之处在于只给出了单项目单目标的资源调度。

2.3.3　多项目人力资源调度模型算法

资源优化调度首先要对问题进行精确描述，然后寻找相关方法和算法给出问题的优化解。根据领域不同，一般有资源调度问题描述、车间调度问题描述及软件开发过程中的关键问题描述。

多项目资源调度问题如图 4 所示。该问题包含一组项目 I，其中每个项目 $i \in I$ 包含一组活动：$j=\{N_{i-1}+1, \cdots, N_i\}$。这里活动 $N_{i-1}+1$ 和 N_i 代表项目 i 的初始和结束的两个虚节点。J 是一组活动，存在一组可更新的资源类型 $K=\{1, \cdots, k\}$。资源有两种类型的约束：第一种是前置关系约束，任何活动 $j \in J$ 在它的所有前置活动 P_j 完成了才能被调度；第二种是处理活动，必须是可供使用的资源且具有有限的可用性；一旦被处理，活动 $j \in J$ 在每个非抢占时间段 d_j 需要 $r_{j,k}$ 单元的类型 $k \in K$ 的资源。资源类型 k 在任何时间点上有 R_k 的有限可用性。参数 d_j、$r_{j,k}$、R_k 假设是非负数并且是确定的值。活动 0 和 $N+1$ 都是虚活动，没有长度，代表所有项目的起始和结束。

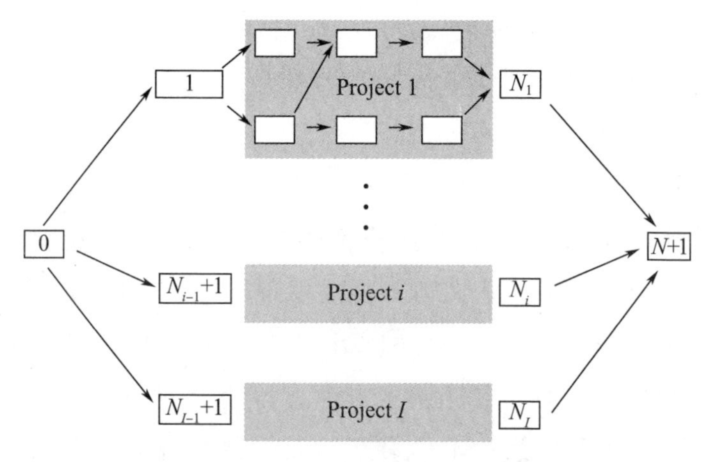

图 4　多项目资源调度问题

受限资源的多项目调度问题（RCMPSP）在考虑资源的可用性和前置关系约束的情况下，找到活动的调度方案，同时获得最小化的某些性能指标。令 F_j 代表所有活动 $j \in J$ 的结束时间，则一个调度可以由结束时间向量 $[F_1, \cdots, F_{N+1}]$ 所表示。令 $A(t)$ 是在时间 t 时处理的一组活动，则受限资源的多项目调度问题可以被描述为：最小化性能指标$[F_1,\cdots,F_{N+1}]$，其中 $F_1 \leqslant F_j - d_j$，$\sum\limits_{j \in A(t)} r_{j,k} \leqslant$

R_k，$k \in K$；$t \geqslant 0$，$F_j \geqslant 0$，$j = 1$，…，$N+1$，约束条件包括建立活动之间的前后置关系的约束，限制 t 时刻资源使用的可用性约束，以及要求结束时间非负数的约束等。

文献［68］针对多目标资源优化调度问题，给出基于遗传算法的多目标资源优化调度方法。该方法提出，软件开发中的活动分配是复杂的并且具有很大的挑战性，一方面，工程师必须面对时间和质量的冲突，如图 5 所示，若投入时间少，则缺陷比较多，若希望减少缺陷，则需要较多的时间投入，因此需要给出 Pareto 最优方案。另一方面，软件开发者存在很大的生产率差异。处理时间和质量之间的权衡是一个管理难题。该研究工作建立了人力资源的技能评估矩阵，对不同类型工作的生产率和缺陷率划分了能力级别，最后通过遗传算法给出多目标优化调度方案，不足之处在于尚未针对多项目间存在的冲突目标进行分析和调度。

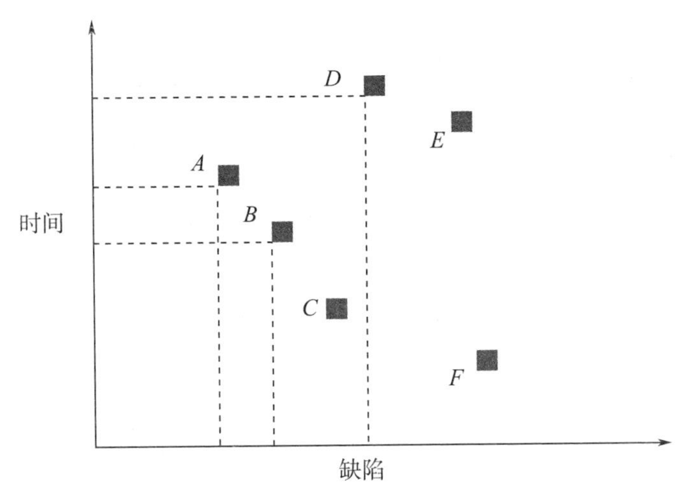

图 5　多项目资源优化

文献［69］的工作分析了软件项目中人力资源因素对活动分配的影响，将软件项目描述为活动网络图，给出了人力资源技能模型、经验模型、可用性模型、活动分配的约束、活动模型，建立了调度中的各种约束条件和目标，通过遗传算法进行资源调度。

在国内，文献［70］针对软件研发中，多项目目标冲突和资源调度问题，给出一种基于遗传算法的多项目资源优化调度问题。该方法给出了软件研发过程中的各种约束，以及项目进度提前和延期、成本结余和超支分别带来的收益与损失，并将这些因素统一到一个价值函数中，通过遗传算法给出上述问题的优化解决方案。该方法能高效给出不同目标下的资源优化调度方案，为管理者提供决策支持，不足之处在于缺乏对遗传算法效率的考虑。

文献［71］针对柔性工作车间调度问题，提出一种自适应多目标遗传算法。该方法根据遗传算法的搜索历史，自适应调整两种交叉变异方法的概率，并采用精英保留策略，以提高算法搜索效率和稳定性。实验结果证明，该算法在多目标柔性车间调度问题上可产生高质量解，不足之处在于应用复杂、扩展性差。

上述资源调度研究主要考虑项目中的时间、成本等目标，即使考虑了缺陷等质量目标，也仍然缺乏对系统可靠性相关因素的研究。

2.3.4 人力资源调度算法比较分析

解决人力资源调度问题的核心是资源调度算法，现有的调度算法可以分为：基于数学规划的算法、拉格朗日松弛法、基于搜索调度算法、基于 Agent 调度算法等。基于搜索调度算法包括启发式算法和智能算法两大类，由于基于搜索调度算法容易描述调度问题，并具有较高的效率，因此得到广泛应用。启发式算法的优点是能够利用面向特定问题的知识和经验来产生满足要求的解决方案，求解时间容易接受，缺点是面对复杂问题求解时效率较低，并且无法保证获得全局最优解。智能算法通过模仿自然界中的一些机制，如生物进化、蚁群行为等，设计算法寻求优化问题的最优解或近似最优解。智能算法包括遗传算法、蚁群优化、邻域搜索、模拟淬火、粒子群算法、神经元网络等，比较常见的是遗传算法，其优点是问题空间与编码空间分离，容易处理复杂调度问题，而且编码和遗传操作比较简单，优化不受限制性条件的约束，缺点是解决大规模调度问题时搜索空间大，搜索时间较长，容易出现早熟收敛情况，若初始种群选择不好会影响解质量和算法效率。

针对国内外学术界对资源调度与可靠性的关系描述不足等问题，本书初步建立可靠性分配与资源配置的关系模型，并按照任务及项目可靠性指标需求优化人力资源配置。在人力资源配置方面，主要根据型号任务工程实践需求，综合考虑人员能力、可用性、角色、成本等属性来建立型号任务人力资源调度模型。

2.4　可靠性分配与人力资源调度优化

2.4.1　研究综述

可靠性分配过程中必须考虑到改进不同组件可靠性的成本、获得可靠性的难度等因素[72]。一些可靠性模型不涉及人的因素，如假设人员完全可靠、人员与系统之间没有相互作用等[73]。然而，资源因素是影响可靠性的重要因素[7]，为同一部件的研发配置不同的资源会使产生的部件具有不同的可靠度，尤其是在软件开发中，人员因素是导致项目出现问题的重要因素，它决定了软件的质量和可靠性[8]。

型号任务承制单位研发中通常是多项目并行，不同项目可能需要具有同样能力的人员，因此容易产生资源冲突，影响项目的进行，进而影响型号任务。

文献［74］针对测试阶段投入资源增加软件可靠性问题，给出软件系统测试阶段资源优化调度方法。该方法给出随工作量变化的软件系统可靠性增长模型，并给出测试资源分配原则及算法，不足之处在于模型描述中资源的生产率和工作量投入的产出是一样的，忽略了软件研发中资源的差异。同时，该模型是采用分析的方法求解优化问题，当问题规模较大时，求解复杂度过高。

文献［75］从最小成本的角度考虑提高复杂系统可靠性，建立了一种成本-可靠度函数和非线性规划模型，将对组件的可靠性最优分配问题转化为对非线性规划问题的求解，从而为复杂系统可靠性的最优化问题提出了一种新的方法。

文献［76］针对如何提高串行系统可靠性问题，给出资源约束下通过冗余部件实现可靠性分配的方法，如图 6 所示。该方法给出了串联系统增加冗余部件的可靠性模型，并将可靠性分配问题描述为非线性的整数规划问题，建立如下模型，并通过遗传算法解决调度优化及可靠性满足问题。

$$\max R(x)=\prod_{i=1}^{n}\left[1-(1-r_i)^{x_i}\right]$$

$$\text{s.t. } C_i(x)=\sum_{j=1}^{n}c_{ij}(x_j)\leqslant b_i, i=1,\cdots,m, x\in X\subset \mathbf{Z}^n$$

其中，$r_i\in(0,1)$ 是第 i 个串联子系统的部件的可靠度；第 i 个串联子系统包含 x_i 个相同的部件，表示冗余的部署；$R(x)$ 是系统可靠度；$c_{ij}(x_j)$ 是随 x_j 递增的严格递增函数，代表了第 j 个子系统消耗的资源；b_i 是第 i 种可用资源。

然而，这些研究者提出的方法缺乏对资源本身及开发过程中成本、进度、规模、资源能力等属性的具体分析，所建立的约束条件仅仅是可用资源约束，对现实的抽象过高难于实施。

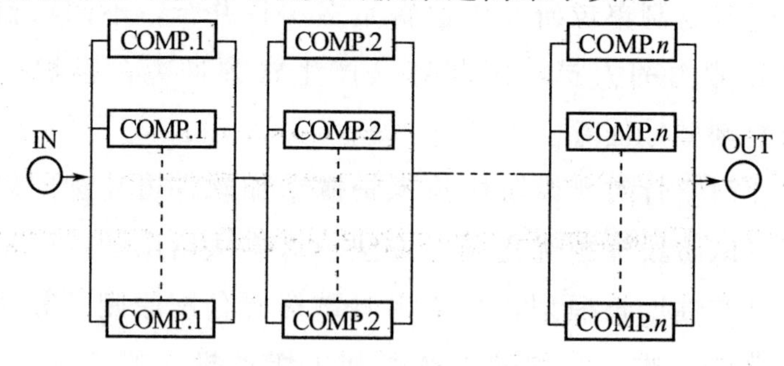

图 6　带有冗余的串联系统

文献［37］中的可靠性分配是将目标函数和约束条件作为依据。一种是以系统的可靠度指标为约束条件，把重量、体积、成本等系统参数尽量小作为目标函数；另一种是给出重量、体积、成本等的限制条件，要求系统可靠度尽量高。

文献［77］阐述了工作量对部件可靠性的影响，并根据 Bayesian 信念网络给出人员可靠性的因素分析模型。

文献［78］针对多目标可靠性优化问题，给出一种两阶段多目标系统可靠性优化方法。该方法指出，系统可靠性分析和优化对于有效利用可用资源并开发出更优的系统设计架构非常重要，特别是在型号任务中，因为需要考虑系统可靠性、成本、总重量等因素。该研究提出一种两阶段方法解决系统可靠性优化问题。第一阶段通过多目标优化算法得到初始 Pareto 最优解决方案集合；第二阶段通过一种多目标选择优化方法从集合中选择最有代表性的方案。然而该方法仅仅对于单个串行系统进行可靠性分析及优化。在复杂的型号任务中，需要给出更复杂的系统串并联关系，以及在多单位协作过程中如何建立可靠性约束并进行资源的优化。

随着型号任务的复杂性逐渐增加，软件的规模越来越大，软件的开销在系统中的比例也越来越高。软件是由人设计的，人难免会发生错误，因此可靠性成为衡量软件质量的一个重要因素[79]。软件可靠性与费用间的权衡关系已成为软件工程领域的重要研究内容，受到越来越多的研究者的关注[36]。

软件可靠性分配所处理的问题是对软件的各个组成部分进行可靠性指标的分配，从而使得软件系统在整体上达到所要求可靠性的同时，实现开发时间、费用的一个最佳平衡点[80]。文献［80］针对不同硬件环境中软件系统可靠性问题，给出一种基于各子系统综合因子的软件可靠性分配方法。该方法对在不同配置硬件环境中的软件子系统进行分析，给出影响可靠性的不同因素及可靠性分配方法。该方法能够根据软件子系统的重要性对可靠性进行分配，不足之处在于对影响可靠性的因素分析较少，方法无法推广。

文献［81］针对软件可靠性分配问题，给出一种基于模块开发控制的软件可靠性分配模型。该研究给出软件可靠性分配模型，并对各模块的可靠性进行评估，分析资源投入与模块可靠性的关系，并给出保证软件可靠性的资源优化方法。该方法在保证系统开发费用最低的前提下，能够将可靠性分配到各个模块，不足之处在于没有对影响可靠性的研发人员进行分析。

文献［82］针对软件可靠性及软件发布问题，给出基于软件可靠性增长的软件最优发布方法。该方法指出软件开发过程中实施计划管理的目标就是把有限的费用、人力资源和测试用例等进行分配。此时的系统可靠性度量为各个元素故障率的函数。因此，选取对软件整体可靠性贡献较大的元素，使之达到较低的故障率，可以在较低的成本水平下提高整个软件的可靠性水平。

提高可靠性就是要减少错误和提高稳健性。从软件生存周期的各个阶段来分析，软件差错是在软件生存周期的系统分析和设计工作阶段引入的人为错误[34]。

文献［33］提出可靠性作为计划和设计中的一部分，为满足可靠性目标，所需考虑的问题包括可用性、成本、资源等约束。该文献将可靠性作为衡量过程性能和项目可控性的一个独立指标。

实践证明，软件中存在的问题发现越早，软件开发费用就越低。在编码后修改软件缺陷的成本大约为编码前的十倍，在产品交付后修改软件缺陷的成本又是交付前的十倍。因此，为保证软件可靠性，需合理对生存周期各个阶段的资源进行优化分配，保证在最少的资源消耗情况下达到可靠性最高。

软件产品的质量由生产它的过程质量所决定[83]。软件测试是保证软件可靠性的有效手段。在测试阶段，项目经理必须进行合理的资源分配，从而保证在满足资源约束的情况下，可靠性最高[84]。现有的大量研究集中在测试资源分配上，以获得可靠性增长，如文献

[85] 中的基于可靠性增长模型得到的测试资源优化分配策略。

一些研究通过调度的方式解决分布式系统的可靠性优化问题，如通过模拟淬火[86]、蚁群算法[87]、混合粒子群优化[88]等来最大化分布式系统的可靠性。

2.4.2 航天型号软件任务可靠性分配与人力资源调度优化分析

上述研究对资源和可靠性之间的关系进行了描述，并通过不同的优化调度方法在资源受限情况下获得最高的可靠性，但这些方法并未在型号任务中得到广泛应用。究其根本，当前很多型号任务开发都是从整体型号任务进行拆分，在考虑时间、成本、质量等要求下逐步细化，当落实到某具体软件模块的研发时，通常因时间紧张或经费不足而依赖开发人员加班去提高可靠性，这种情况很容易导致资源的冲突和任务完成质量的降低。

航天多型号多任务可靠性分配与优化，是从系统任务总体考虑进行任务及可靠性拆分，在时间、成本、质量约束下逐步细化。具体到某软件项目研发时，常常会时间不足靠加班，经费不足靠节约，而人力不足靠什么？面对多种资源冲突，型号任务可靠性指标难以实现。目前需要建立人力资源调度模型，研究任务可靠性与资源调度的关系，用资源调度优化算法，解决资源冲突问题，最终实现型号任务可靠性指标。

通过本章软件任务可靠性与人力资源调度研究现状的分析，我们可以看出型号任务可靠性分配与优化、人力资源模型及调度、优化算法等领域已经引起了研究者充分的重视，并取得了一定的研究成果。这些研究成果进一步作用于型号任务可靠性工程实践，在一定程度上提高了型号任务的生产效率，使得可靠性分配与资源调度及优化呈现出积极的变化趋势。同时，也可以看到可靠性分配与资源调度优化的研究仍处于起步阶段。目前国内外学术界对资源调度与可靠性之间的关系有所研究，不同的研究人员探索了不同的优化调度方法，但是没有按照任务或项目可靠性指标需求优化人力资源配置，没有在航天型号工程任务实践中得以验证，难以解决多型号多任务可靠性分配及资源冲突等问题。

本章通过初步描述可靠性分配与人力资源配置的关系，创建可靠性分配与人力资源关系模型，通过资源的优化调度，解决多型号多任务可靠性分配及资源冲突等问题。

2.5 小结

本章对航天型号软件任务可靠性分配与人力资源调度方法进行了分析，为建立航天型号任务可靠性指标需求与人力资源的关系模型，实现人力资源配置优化，本书从以下五个方面进行研究。

1）航天型号软件任务可靠性需求分配与保障研究，在航天型号任务中是一项非常重要的工作，其研究不仅可以指导航天型号软件任务可靠性指标分配，还可以验证分系统、子系统及各级工作单元可靠性需求的可达性，以及航天任务大总体可靠性指标的可行性。

目前，国内外学者和工程技术人员，针对软件任务可靠性分配与分解、软件可靠性保障、软件可靠性度量三个方面展开了大量理论研究和实践，提出了许多可靠性模型及分解分配方法，为我们实施航天型号任务可靠性建模定量分析，实现可靠性任务需求分解分配奠定了基础。可靠性需求以指标的形式在各任务系统、分系统及工作单元进行分配虽然可行，但实现起来很难。可靠性指标需求不可能自动定性，自动转换到具体任务系统或单元成为可操作、可实现的要求，需要人们创造性地将可靠性指标转化为定性描述，并且能客观反映任务系统对各类任务不同的具体要求，以在软件任务可靠性分解分配后实现可靠性定性分级。

2）在长期的航天科学试验和工程实践中，高可靠性指标需求与有限资源的冲突，尤其是与人力资源的冲突问题凸显，直接影响了航天型号任务高可靠性指标实现。工程现实要求我们深入研究、挖掘航天型号任务可靠性需求与人力资源配置之间的内在本质联系，综合考虑建立航天型号任务可靠性指标需求与人力资源的关系模型，以实现人力资源配置优化，从而保障航天型号任务可靠性指标满足要求。

3）在航天型号任务工程实践的管理中，我们还没有充分认清可靠性分配与人力资源配置的关系问题，没有充分重视人力资源配置对可靠性保障的巨大影响。

国内外学术界对人力资源模型的研究多集中于管理层面，结合型号任务特点及可靠性要求来建立人力资源模型的研究还不成熟，尤其没有按照任务及项目可靠性指标需求优化人力资源配置。在人力资源配置方面，相关部门并没有根据型号任务工程实践需求来规划调度，未能综合考虑人员的能力、可用性、工程实践经验、角色、成本等属性来建立型号任务人力资源调度模型，也缺乏研究院所级的人才库建设，面对人力资源能力的变化以及人员的变更缺乏信息和数据的支持而影响相关决策。如何将理论和实践两方面结合起来解决可靠性分配后的初步人力资源配置、人力资源调度优化及实现可靠性增长等一系列问题还缺乏深入的研究和探讨。目前国内的实践做法是集中优势人力解决关键型号任务，面对多型号多任务、人力资源冲突严重的现状，管理者迫切需要了解任务可靠性分配后本单位人力资源能否满足具体的要求，比如，什么样的人力资源配置可以满足型号任务的可靠性要求？满足的程度如何，能否进一步优化？可靠性要求是否合理，能否改善或降低？等等。因此，需要针对航天型号任务特点，研究建立基于工程能力的型号任务人力资源模型。

4）可靠性分配和人力资源配置与优化是实现航天型号任务安

全可靠性目标的关键和基础。但是由于航天型号任务多项目并举，人力资源配置调度非常复杂，除考虑任务可靠性需求和任务规模外，还需要考虑各种专业门类、各种角色、各种工程能力、背景等因素，而现有研究工作又存在不足，缺乏足够的理论支持和实践检验及数据积累。本书从可靠性分配模型、人力资源模型、可靠性分配与人力资源关系模型研究入手，引用遗传算法，创建一个多项目人力资源优化调度算法，以实现人力资源的优化配置，进而实现可靠性指标。

5）通过仿真实例，分析验证本书研究方法的可行性。本书结合航天型号任务可靠性需求和人力资源配置两者关系，从理论和实践方面进行探讨，重点解决航天型号软件任务不同可靠性要求的人力资源配置问题，并为此提供理论支撑。仿真结果表明，我们所探索研究的可靠性分配与人力资源优化配置的新办法，具有重要应用和实践价值。

第3章　型号任务软件可靠性分配模型及方法研究

3.1　引言

在我国航天工程实践中，长期面临着多型号同时研发的任务需求，以及高可靠性指标需求与有限资源的冲突，尤其是与人力资源冲突问题凸显。为解决上述问题，本章主要从型号任务实际工作出发，依据系统结构及其软件安全可靠性级别分配可靠性指标，结合定义的项目模型、活动描述对可靠性约束下的资源进行研究分析，建立面向型号任务的可靠性分配模型及方法，为通过资源调度实现可靠性预期奠定基础。

3.2　可靠性分解

型号任务通常由总部下达，按照图7的任务及可靠性分解方式进行描述。图7所示为一个任务及可靠性分解树结构，这样的结构将总任务及任务安全可靠性指标向参研参试各分系统（试验系统部、集团单位、研究院所、测控中心、测发中心等）、子系统（集团单位、研究院所、测控中心、测发中心、研究室等）、项目（研究室、项目组）进行逐层分解。分解过程中，各分系统之间安全可靠性指标、子系统间安全可靠性指标、项目之间安全可靠性指标均保持“逻辑与”的关系，否则，总任务安全可靠性目标失效。按照上述结构化设计与分解的方法形成树结构，一直分解到最底层，即叶节点上的软件项目，这样就得到了各系统、子系统、项目研发任务，也得到了该系统安全可靠性指标任务。项目组在执行项目研发过程中，还需将系统任务中的软、硬件任务进行分解，其可靠性指标任务也随之分解。需要说明的是，附着在软件研制任务中的安全可靠性指标同样与硬件任务安全可靠性指标是“逻辑与”的关系。软件任务作为一个独立的项目或配置项进行研发，软件安全可靠性指标将成为产品设计、产品测试、产品验收的重要组成部分。

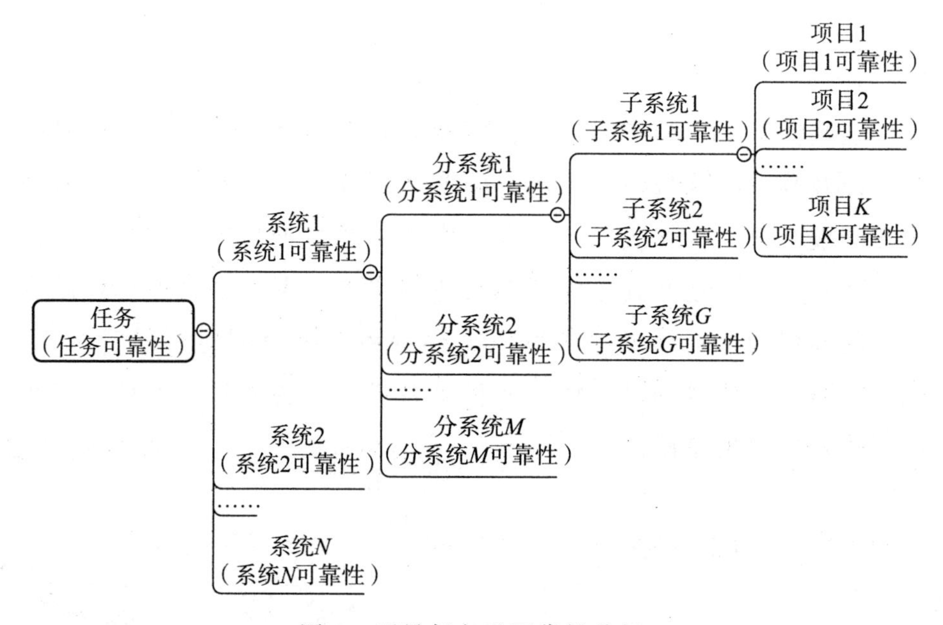

图 7　型号任务及可靠性分解

在型号任务及可靠性分解过程中，某时刻系统 S 的可靠性 R_S 由各分系统 SS_i 的可靠性 R_{SS_i} 按照一定关系组合所得；各分系统 SS_i 的可靠性 R_{SS_i} 由部件 C_{ij} 的可靠性 $R_{C_{ij}}$ 按照一定关系组合所得；部件 C_{ij} 的可靠性 $R_{C_{ij}}$ 由开发它的项目 P_{ij} 的可靠性 $R_{P_{ij}}$ 决定。因此，处于分解结构最下方的项目可靠性将影响到型号系统的可靠性。其关联关系可以由下述函数表示

$$R_S = \gamma(R_{SS_1}, R_{SS_2}, \cdots, R_{SS_n})$$

$$R_{SS_i} = \phi(R_{C_{i1}}, R_{C_{i2}}, \cdots, R_{C_{im}})$$

$$R_{C_{ij}}=R_{P_{ij}}$$

当系统的可靠性指标给出后，根据上述分解结构，可以将这些指标分配给相应的分系统、子系统及项目。在具体的项目研发过程中，通过一些技术或管理手段，使得项目的可靠性设计满足指标要求，最终实现系统的可靠性指标。若某些分系统、子系统或项目的可靠性指标难于达到，则必须通过冗余设计或提高其他分系统、子系统或项目的可靠性，从而满足整体可靠性达标要求。

通常，软件系统可靠性指标是通过系统可靠性指标分配确定的，而软件是作为系统的一部分与其所嵌入的硬件部分一起以串联关系参与系统指标的分配。具体到软件项目的可靠性分配结构的确定，我们是依据型号任务安全可靠性级别来判断分配树结构的，如A、B、C、D四个级别软件，对其可靠性要求是不同的，当软件项目安全可靠性级别为A级时，所有分项目必须具有A级可靠性，具体的分配原则参考3.3节。

通过上述型号任务可靠性分解，我们可以得到从任务到系统、分系统、子系统、项目的可靠性指标及要求，这样的分解将使得完成项目的资源与可靠性要求建立联系。针对软件开发各过程及活动的可靠性指标要求，分配完成活动所需的合理资源，我们首先要对软件项目及相关的活动进行定义和描述。软件项目通常有最早开始时间、最晚结束时间等约束，根据项目的重要程度，进行优先级设定，从而实现人力资源的合理分配，进而满足可靠性要求。

如上所述，本书中的型号任务软件项目不同于计算机软件界通常意义上的软件项目，它是型号任务分解的最底层，即型号任务树结构中的叶节点，该节点上是研究室或项目组承担的具体软件研发任务，是需要在给定时间范围内完成特定目标的一组活动（活动的描述与定义下面给出）。这里的软件项目 P 的具体描述如定义 1 所示。

定义 1（软件项目 P）：P=（PN，Priority，ReleaseTime，Deadline，

PreProjects，PostProjects，ActivitySet)，其中，

1）PN：项目名称，它是项目的唯一标识，用以表示项目之间的区别。

2）Priority：项目优先级，受型号项目所处阶段（模样、初样、试样）、研制周期、重要性、型号项目的难度、进展程度、已消耗资源等方面的综合影响；若资源不足而导致不能满足所有项目要求时，首先要确保高优先级的项目在进度上得到保证。

3）ReleaseTime：项目最早开始时间，当时间晚于最早开始时间时，则该项目可以执行；

4）Deadline：项目最晚结束时间，航天型号项目通常需要“后墙不倒”，一旦项目结束时间超出后墙不倒时间，将带来经济、政治等多方面的重大影响。

5）PreProjects：当前项目的前置项目，型号任务中若一些项目的开发依赖于其他项目的完成，则所依赖的项目是当前项目的前置项目。

6）PostProjects：当前项目的后置项目，若当前项目完成，一些项目才能开始开发，则这些项目是当前项目的后置项目。

7）ActivitySet：完成项目研发的活动集；利用工作分解结构(WBS)，针对每个型号项目的要求，进行活动拆分，得到一组活动，用以实现该型号项目的目标及所要求的工作。

针对型号任务树结构中的叶节点——软件项目，还可以继续进行分解，将软件项目分解成便于研发和管理的具体活动。这一分解主要是按照安全可靠性级别进行的，可以分解成子项目，子项目再分解成更小的工作单元，直至便于度量、管理的具体活动（我们称为工序）。通过上述分解，软件项目被分解为一个活动集，ActivitySet＝(A_1，A_2，…，A_n)，其中，每个活动 A_i 描述如定义2所示。

定义2（活动A）：A＝（AN，Description，StartTime，

FinishTime，PreActivities，PostActivities，ResourceRequest），其中，

1）AN：活动的名称，它是活动的唯一标识。

2）Description：活动工作的描述，本书主要考虑通过 WBS 分解后详细拆分的活动，每个活动与一个工作包对应，能够对活动所需资源能力进行具体描述，并且可以估算出所需的资源数量。

3）StartTime：活动的开始时间。

4）FinishTime：活动的结束时间。

5）PreActivities：当前活动的前置活动，前置活动的完成时间不能晚于当前活动的开始时间。

6）PostActivities：当前活动的后置活动，后置活动的开始时间不能早于当前活动的结束时间；根据活动的前后置关系，每个项目的所有活动组成了活动网络图；若某些活动没有前置活动，则这些活动的最早开始时间可以是项目的开始时间；若某些活动没有后置活动，则这些活动的最晚结束时间可以是项目的后墙时间。

7）ResourceRequest：执行活动所需要的资源，资源需求一般通过估算获得。

在上述活动模型中，资源需求是对项目进行活动分解后的输出成果，包括执行活动所需的资源类型（人力、设备、材料和资金等）和数量。项目的资源需求是基于项目的 WBS，在项目的基本工作单元资源需求确定的基础上逐层汇总得到，它与 WBS 有着密切的对应关系。在估算各基本工作单元的资源需求时，可以利用项目团队及其所在院所已完成项目的历史统计数据来估计工作单元的资源消耗，也可以采用功能点估算[89-90]、COCOMO[91] 等方法。本书并不讨论这些方法的使用，只在后续章节里对资源模型的描述中给出一个抽象函数，而在具体例子中直接给出针对不同资源的估算结果。

项目的可靠性表示成 $R_{P_{ij}} = \mathrm{H}(\mathrm{ActivitySet}_{ij})$，项目可靠性与每

个活动的执行密切相关，受到每个活动所分配资源的影响。例如，如果项目在临近最晚结束时间才拥有资源，则由于赶工，往往降低可靠性；如果在项目早期有充足的资源进行需求分析，则可降低后续活动出现错误的概率。

3.3　可靠性级别

型号任务各系统、分系统、子系统、项目都应该满足安全可靠性级别要求。目前型号任务的安全可靠性级别有四级：A 级、B 级、C 级、D 级。本书对软件安全可靠性级别的定义如表 1 所示。

表 1　软件安全可靠性级别的定义

软件关键等级	定义描述
A	软件失效会造成灾难性后果，系统崩溃，航天员死亡
B	软件失效会造成严重后果，系统严重损坏或基本任务中的部分内容没有完成，航天员受到严重伤害
C	软件失效会造成轻度危害，系统轻度损坏，对任务有轻度影响，航天员受到轻度伤害
D	软件失效会造成轻微危害，执行任务中有障碍，通过修复不影响任务完成，后果轻于 C 级伤害或毁坏

表 2 给出的是型号任务软件规模级别的定义。

表 2　型号任务软件规模级别的定义

软件任务规模(Size)	源代码行数或指令条数
A(巨大)	Size≥100 000
B(大)	10 000≤Size<100 000
C(中)	3000≤Size<10 000
D(小)	300≤Size<3 000
E(微)	Size<300

型号任务向下分解时，根据失效时可能造成的后果，设定各系

统、分系统、子系统、项目的安全可靠性级别。当系统为 A 级可靠性系统时，所有分系统都必须具有 A 级可靠性；当系统为 B 级可靠性系统时，所有分系统都必须具有 A 级或 B 级可靠性；当系统为 C 级可靠性系统时，对于串联分系统，所有分系统可以具有 A 级、B 级或 C 级可靠性，对于并联分系统，至少有一个分系统具有 A 级、B 级或 C 级可靠性；当系统为 D 级可靠性系统时，所有分系统可以具有 A 级、B 级、C 级或 D 级可靠性。分系统和子系统、子系统和项目之间也存在上述相似关系。设系统 S 的分系统集合为

$$\mathrm{Set}_{SS}=\{SS_1,SS_2,\cdots,SS_n\}$$

设任务安全可靠性级别为 RL，则 RL＝{A，B，C，D}。设系统安全可靠性级别、分系统安全可靠性级别、子系统安全可靠性级别、项目安全可靠性级别分别为：RL_S、RL_{SS}、RL_{SubS}、RL_P，则根据上面描述，型号任务可靠性分配必须满足如下约束条件：If $\mathrm{RL}_S=\mathrm{A}$ Then$(\forall SS\in \mathrm{Set}_{SS})\wedge(\mathrm{RL}_{SS}=\mathrm{A})$，If $\mathrm{RL}_S=\mathrm{B}$ Then$(\forall SS\in \mathrm{Set}_{SS})\wedge((\mathrm{RL}_{SS}=\mathrm{A})\vee(\mathrm{RL}_{SS}=\mathrm{B}))$。

3.4　型号任务可靠性分配方法[①]

型号任务可靠性分配的基本方式是根据型号任务书中规定的可靠性指标、要求，按照低耦合、高凝聚的分配原则，自顶向下层层分配。从上到下，在任务分配给系统、分系统、子系统及项目的同时，可靠性指标与要求也进行层层分配，分配过程与系统的结构密切相关，假设各分系统、部件都相互独立，如图 8 所示，则根据分系统、部件之间的串并联关系进行可靠性分配。

设某时刻系统的失效概率为 F_S，分系统 SS_i 的失效概率为

---

① 因型号任务各单位分配的层级不同，本节内容有的以四级（系统—分系统—子系统—项目）层级介绍，有的以三级（系统—分系统—部件）层级来介绍，其层级最多是五级。

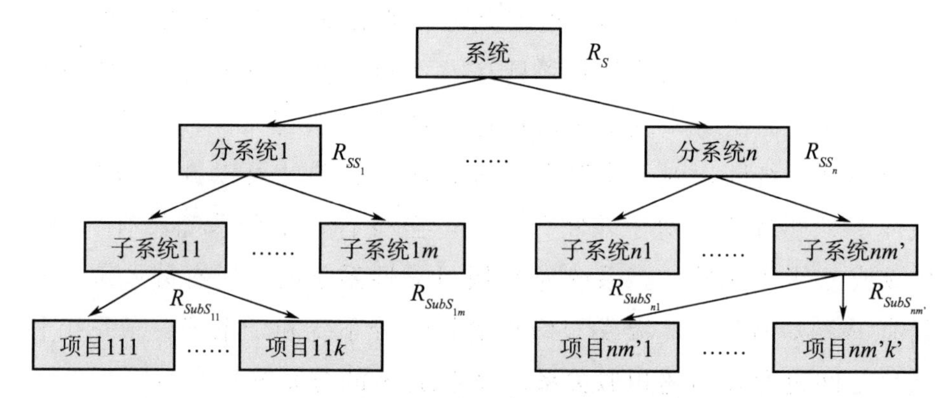

图 8　系统可靠性分解

F_{SS_i}，部件 C_{ij} 的失效概率为 $F_{C_{ij}}$。则有如下关系成立

$$F_S = 1 - R_S$$

$$F_{SS_i} = 1 - R_{SS_i}$$

$$F_{C_{ij}} = 1 - R_{C_{ij}}$$

3.4.1　串联分配

若系统的各分系统都无故障时，整个系统才能正常工作，则该系统是串联系统，如图 9 所示。此时，任何一个分系统出现故障，则系统失效。

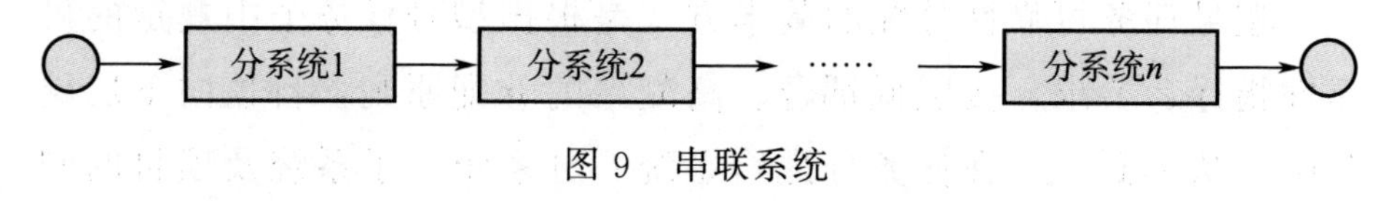

图 9　串联系统

对于串联系统，当通过预计得到各分系统可靠度 R_{SS_1}，R_{SS_2}，…，R_{SS_n} 时，则系统的可靠度为

$$R_S = \prod_{i=1}^{n} R_{SS_i}$$

对于串联系统，分系统越多，失效概率越大，可靠性越低。当给定可靠性指标后，要求每个分系统具有较高的可靠性。

根据系统与分系统可靠度之间的关系，我们考察失效概率之间

的关系

$$1 - F_S = \prod_{i=1}^{n} (1 - F_{SS_i})$$

$$1 - F_S = 1 - F_{SS_1} - \cdots - F_{SS_n} + F_{SS_1} F_{SS_2} + \cdots + F_{SS_{n-1}} F_{SS_n} - F_{SS_1} F_{SS_2} F_{SS_3} - \cdots + \prod_{i=1}^{n} (-F_{SS_i})$$

航天系统中，各分系统的失效概率通常是一个很小值，两个或两个以上的失效概率值的乘积可忽略不计。因此

$$1 - F_S = 1 - F_{SS_1} - \cdots - F_{SS_n}$$

$$\therefore F_S = F_{SS_1} + F_{SS_2} + \cdots + F_{SS_n}$$

同理，分系统与串联的部件之间可靠度的关系为

$$R_{SS_i} = \prod_{j=1}^{m} R_{C_{ij}}$$

$$F_{SS_i} = F_{C_{i1}} + F_{C_{i2}} + \cdots + F_{C_{im}}$$

部件中的软件和硬件需要共同配合完成工作，软件和硬件在部件中类似于串联的关系，即任何一部分出现问题，都会导致部件的错误。因此

$$R_{C_{ij}} = R_{C_{ij}.\text{Software}} \cdot R_{C_{ij}.\text{Hardware}}$$

本书主要考虑航天型号任务中，软件的可靠性分配及资源调度问题，因此，假设在航天型号项目的任务周期中，硬件的可靠度为1，这样关注点会完全集中在软件安全可靠性上。

3.4.2　并联分配

若系统的某一个分系统无故障，系统就能正常工作，则该系统是并联系统，如图 10 所示。此时，只有所有分系统都出现故障，系统才失效。

根据并联系统的特征可知

$$F_S = F_{SS_1} \cdot F_{SS_2} \cdot \cdots \cdot F_{SS_n}$$

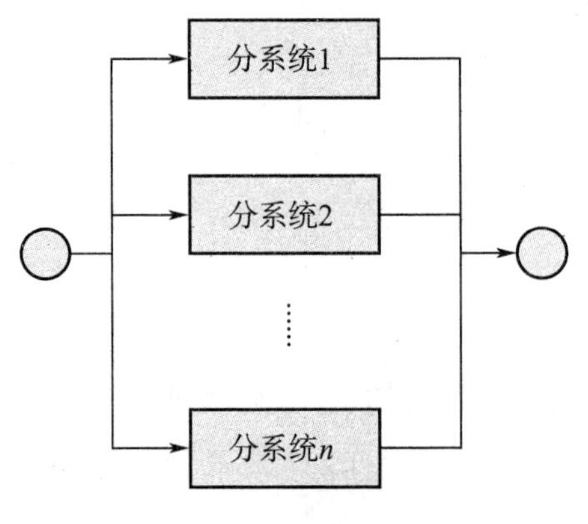

图 10　并联系统

$$\therefore 1-F_S=1-\prod_{i}^{n}F_{SS_i}$$

$$\therefore R_S=1-\prod_{i}^{n}(1-R_{SS_i})$$

同理，分系统与并联的部件之间可靠度的关系为

$$R_{SS_i}=1-\prod_{j=1}^{m}(1-R_{C_{ij}})$$

对于并联系统，并联分系统越多，失效概率越小，可靠性越高。若某串联系统可靠性要求较高，某分系统不能满足可靠性要求时，那么通过进一步投入工作量的方式增加可靠性可能导致非常大的投入。此时可以对该分系统增加并联部件，进行冗余设置，不仅不会增加特别大的成本，而且可以提高该分系统的可靠性，进而提高整个系统的可靠性，如图 11 所示。

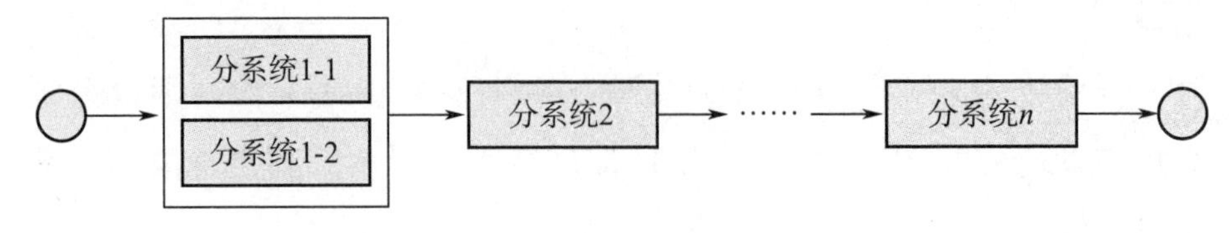

图 11　带有冗余的串并联系统

用一个定量的指标来表示各分系统 i（或部件 j）的故障对系统

故障的影响，这就是重要度 $\omega_{C_{ij}}$

$$\omega_{C_{ij}} = \frac{N_i}{r_{ij}}$$

式中　r_{ij} ——第 i 个分系统第 j 个部件的故障次数；

N_i ——由于第 i 个分系统的故障引起系统故障的次数。

可靠性分配需注意的事项：

1）可靠性分配应在研制阶段早期进行；

2）尽早明确对设计人员的要求，以及设计可行性、设计过程与措施；

3）初步明确外购件及外协件的可靠性指标要求；

4）根据可靠性分配结果及要求估算所需资源，如人力资源等。

3.4.3　优化分配方法

航天型号任务立项时，总部会给出型号任务总体可靠性要求、资金预算、时间要求以及系统任务。型号总体根据这些内容确定分解后每个项目的可靠性要求和资金要求，并将分解后的各个项目分配给多个单位协作完成，每个单位完成的工作要满足可靠性要求和资金要求，并且单位需将每个项目的每个活动落实分配到具体人员。

在上述可靠性分配过程中，我们先是通过预计的方式，给出各个项目可靠性，并且给出可靠性增长函数，最后汇总得到系统可靠性。如果不满足系统可靠性目标，那么需要进一步改进原设计以提高其可靠性，即要对各分系统的可靠性指标进行再分配。可靠性再分配的基本思想是：认为可靠性越低的分系统（或子系统）改进起来越容易，反之则越困难。把原来可靠性较低的分系统的可靠度都提高到某个值，而对于原来可靠性较高的分系统的可靠度仍保持不变。分配时考虑到可靠性约束，并且按照可靠性增长模型，获得成本最优的可靠性更改方案。

上述可靠性分配问题是一个复杂的优化调度问题。如果整个系统的可靠性分配要具体到给每个活动分配具体人员，那么将涉及太多的单位和太多的人，复杂度过高，而且到部件层面，还涉及多个单位需要满足不同目标的优化。因此，将上述过程分为两个层次：

1）可靠性自上而下由系统到部件的分配过程。该问题自顶向下从计划的角度出发，给出可靠性的整体约束，给出各部件的可靠度最小值，向上汇总，建立各部件的可靠性约束、成本约束和进度约束。

2）各单位承担多个部件开发项目的可靠性满足及资源优化调度问题。

对于第一个问题，首先，根据经验或者专家判断给出每个部件的最低可靠度（RMin），并且给出达到最低可靠度的成本（CostMin）。接下来，给出所有项目进一步增长可靠性的成本函数CF（RIncrease），该函数是一个经验函数，即符合通常科研单位开发的成本（若某单位存在工程经验丰富、能力特别强的人，则可靠性增长的成本与该函数有偏差）。若向上汇总后的总可靠性小于要求，则建立可靠性再分配问题，目标是成本最小或可靠性最大。

本书在对航天型号任务软件系统进行可靠性分配时，假设硬件系统可靠度为1，本书主要研究讨论软件系统的可靠性。

3.4.4　可靠性增长模型

项目可靠性与每个活动的执行密切相关，受到每个活动所分配资源、投入工作量等因素的影响。例如，如果项目在临近最晚结束时间时才能拥有资源，则由于赶工，往往会影响可靠性指标实现；又比如，若在项目早期有充足时间、资源进行需求分析，则会降低后续活动出现错误的概率。

航天型号项目的可靠度与所有活动的资源有密切关系。当活动中的任何资源变化时，都会影响可靠度值的变化。设项目的可靠性增长函数为

$$\text{RIncrease} = \text{H (Effort)}$$

即可靠度是以工作量为变量的递增函数。设最低可靠度要求为 RMin，当项目的最低可靠度达到 RMin 时，工作量是 EMin，从 EMin 开始取 m 个离散的点（例如 10 个点），得到 m 个（Reliability，Effort，Cost）元组，每个元组表示在投入工作量 Effort 和成本 Cost 时，得到可靠度 Reliability。当计算项目可靠度及成本时，我们在 m 个离散点中，获取选定的可靠度、工作量及成本。然后根据系统分解关系，获得系统的可靠度及总成本。

3.4.5　分配模型

航天型号任务进行可靠性分配时，有两个目标：一个是给定可靠性指标、要求的前提下，利用最小的成本进行系统研发，并满足可靠性要求；另一个是在给定成本要求下，获得尽可能大的可靠度。

令 R_S 、R_{SS} 、R_{SubS} 、R_P 分别表示系统、分系统、子系统、项目的可靠度。令系统可靠度与其下 n 个分系统可靠度满足如下关系

$$R_S = \gamma(R_{SS_1}, R_{SS_2}, \cdots, R_{SS_n})$$

其中，γ 表示可靠度计算函数，能够根据前面章节介绍的航天型号软件安全可靠性级别及分配原则，根据各个分系统达到的安全可靠性级别，得到系统的安全可靠性级别。

令分系统可靠度与其下 m 个子系统可靠度满足如下关系

$$R_{SS_i} = \phi(R_{SubS_{i1}}, R_{SubS_{i2}}, \cdots, R_{SubS_{im}})$$

其中，ϕ 表示可靠度计算函数，能够根据前面章节介绍的航天型号软件安全可靠性级别及分配原则，根据各个子系统达到的安全可靠性级别，得到分系统的安全可靠性级别。

令子系统可靠度与其下 s 个项目的可靠度满足如下关系

$$R_{SubS_{ij}} = \pi(R_{P_{ij1}}, R_{P_{ij2}}, \cdots, R_{P_{ijs}})$$

其中，π 表示可靠度计算函数，能够根据前面章节介绍的航天型号软件安全可靠性级别及分配原则，根据各个项目达到的安全可靠性

级别，得到子系统的安全可靠性级别。

每个项目的可靠度如下

$$R_{P_{ijk}} = R_{\mathrm{Min}} + R_{\mathrm{Increase}}$$

其中，R_{Min} 是项目需要达到的最低可靠度，R_{Increase} 是可靠度的增量。

除了可靠度，我们也对成本进行描述。令系统、分系统、子系统、项目的成本分别为 C_S 、C_{SS} 、C_{SubS} 、C_P ，则系统的成本是构成系统的所有 n 个分系统成本之和，即

$$C_S = \sum_{i=1}^{n} C_{SS_i}$$

某分系统成本 C_{SS_i} 是构成分系统的所有 m 个子系统成本之和，即

$$C_{SS_i} = \sum_{j=1}^{m} C_{SubS_{ij}}$$

某子系统成本 C_{SS_i} 是构成子系统的所有 s 个项目成本之和，即

$$C_{SubS_{ij}} = \sum_{k=1}^{s} C_{P_{ijk}}$$

某项目成本 $C_{P_{ijk}}$ 是项目 P_{ijk} 达到最低可靠性要求所投入的成本 $\mathrm{Cost}_{P_{ijk_{\mathrm{Min}}}}$ 与达到一定可靠度 R_{Increase} 额外投入的成本 $\mathrm{CF}_{P_{ijk}}(R_{\mathrm{Increase}})$ 之和，即

$$C_{P_{ijk}} = \mathrm{Cost}_{P_{ijk_{\mathrm{Min}}}} + \mathrm{CF}_{P_{ijk}}(R_{\mathrm{Increase}})$$

其中，$C_{P_{ijk}}$ 主要由项目投入的人力资源成本及其他各种资源成本所决定。

根据上述各式

$$C_S = \sum_{i=1}^{n}(\sum_{j=1}^{m}(\sum_{k=1}^{s}(\mathrm{Cost}_{P_{ijk_{\mathrm{Min}}}} + \mathrm{CF}_{P_{ijk}}(R_{\mathrm{Increase}}))))$$

对于上述基本描述，两个目标下的可靠性分配模型分别描述如下：

数据模型 1：最小成本的可靠性分配

令 $\mathrm{Min}(C_S)$ 表示系统最小化成本目标；R^* 表示系统的最低可

靠度要求；R_S 表示系统可靠度；则最小成本的可靠性分配模型描述如下

$$\begin{cases}\mathrm{Min}(C_S)\\ R_S \leqslant R^*\end{cases}$$

数据模型 2：最大可靠度的可靠性分配

令 $\mathrm{Max}(R_S)$ 表示系统最大化可靠度目标；Cost^* 表示系统的最大成本约束；C_S 表示系统成本；则最大可靠度的可靠性分配模型描述如下

$$\begin{cases}\mathrm{Max}(R_S)\\ C_S \leqslant \mathrm{Cost}^*\end{cases}$$

3.5　小结

可靠性分配在型号任务中是一项重要的工作，不仅用以指导任务、系统、分系统、子系统及项目的开发研制，而且经过这种自顶向下的分配可以逐步论证原有的可靠性指标是否可行，是各级承制方进行可行性研究的依据。

本章提出了一种面向型号任务的可靠性分配模型及方法。已有的软件可靠性分配理论及方法存在许多不足，首先在适用性方面难以满足现有型号任务的需求，例如，由于软件结构、功能、规模的显著差异，以及不同任务的开发时间、难度、风险、费用等因素对可靠性的影响，导致现有的软件可靠性分配模型及方法难以在任务型号上得到广泛应用。其次，已有的软件可靠性分配模型多用于测试阶段，因此，这类模型难以满足需求分析、设计阶段的需求，而可靠性分配在可行性论证阶段就应该进行，并随着阶段的深入和信息的丰富不断趋于合理和精确。再次，可靠性分配模型是用来回答“系统是否可靠”的问题；可靠性分配方法是回答“系统怎样可靠”的问题，其目的是为了解决系统可靠性分配中的可行性问题。

本章为了达到上述目的，所提出的可靠性分配模型及方法充分考虑了型号任务特点，采用安全可靠性分级模式，分别给出不同层次安全可靠性级别的分配关系、分配原则及分配方法。

第 4 章　基于工程能力的型号任务人力资源模型研究

航天型号软件任务人力资源模型主要针对多项目、多资源冲突影响航天型号任务可靠性指标实现提出来的。目前国内外学术界对资源调度与可靠性的关系有部分描述，但没有按照任务或项目可靠性指标需求优化人力资源配置，本书根据航天型号任务工程实践需求，综合考虑能力、可用性、角色、成本等因素，采用分级方式建立型号任务人力资源模型，为建立多项目人力资源调度算法打下基础。

4.1　人力资源模型

软件可靠性目标由软件生命周期各个阶段的工作量、时间、人员等保障，各个阶段投入的不同工作量，将对软件安全可靠性产生直接影响。例如，当存在多个软件项目需要测试，若测试资源有限，不能保障对安全可靠性指标要求高的软件进行有效的测试，那么这些软件项目的质量基本上是由开发者个人能力、工程经验决定的。软件项目可靠性保障是从系统任务分析与设计开始的，其安全可靠性保障贯穿软件全寿命周期。

首先，开发过程的各种活动需要不同能力的可用性资源，只有满足活动的能力要求和可用性要求，可靠性才能在过程中得到保证。

其次，航天型号项目研发所涉及的资源种类繁多，不同能力的资源对项目可靠性的影响是不同的。例如，在航天型号软件开发中，在需求分析阶段，若资源投入充分，研发人员具有较高的系统分析能力，则软件产品质量在前期是有保障的。

最后，在研发过程中的资源投入量对安全可靠性的影响也不相同，例如，航天型号软件任务一般经历需求分析、开发、测试等各阶段，若再拥有独立于研制方的软件测试保障，后期则会大大地降低经费、人力资源投入，以及软件系统的维护成本，否则经费、人力资源投入及系统维护成本将呈指数曲线上升。

可见，资源影响可靠性实现[79]，同一任务、同一系统、同一项目研发配置的资源不同，会导致不同的可靠性，尤其是在软件项目研发中，人的因素是第一要素，人的能力、经验决定软件研制质量，影响可靠性指标的实现。此外，研究院所型号任务系统研发通常是多项目并行，人力资源竞争矛盾凸显，需要进行人力资源优化配置，以在满足各任务系统可靠性要求情况下，使任务系统整体达到可靠性最优。

4.2 一级因素

航天型号项目中的资源可以是人力、设备、材料和资金等。在软件项目开发过程中，人的因素是第一要素，设备、材料和资金通常是充足的，人力资源是最紧张的，也是最难于描述、有时甚至是最容易引起问题的资源。不同的人力资源在执行活动中，主观能动性、与其他资源的配合等方面都会影响项目执行的效果，进而对所开发的软件项目的可靠性造成影响。

人力资源定义问题、分析信息、识别原因、决策能力定义如下：

一是定义问题。人力资源收集及分析相关信息以识别并清晰定义问题，即使面对不完全或模糊信息也能很清晰地定义问题。

二是分析信息。人力资源能综合分析利用多种来源获取的各种信息，以产生对问题更广泛和深入的了解。

三是识别原因。人力资源能在众多的问题和事件中识别关键联系和模式，认识问题的根本原因和趋势而不是表象，并在分析中展现严密的逻辑。

四是决策能力。人力资源利用可获取的信息及具有逻辑的合理假设，能在信息不完全、模糊或冲突的情况下进行合理决策。

航天型号项目管理经常采用矩阵式管理方式，人员存在于各个职能部门。需要完成某项目时，从各职能部门抽调人员建立项目团队。本书建立的人力资源模型是对资源库及人力资源的描述，其中，资源库（ResourcePool）的描述如下

$$\text{ResourcePool}=(\text{Res}_1,\text{Res}_2,\cdots,\text{Res}_m)$$

其中每个人力资源 Res 如定义 3 所示。该定义只给出了人力资源的一级因素，刻画出人力资源在较大类别上的影响因素。较大类别的因素如能力、可用性等还包含了更多具体因素，将在后面的二级因素中详细定义和说明。

定义 3（人力资源 Res）：Res＝（ID，Capability，Availability，Cost），其中，

1）ID：人力资源的唯一标识。

2）Capability：人力资源的能力。该属性是人力资源满足某种需求，完成某项目的能力。当资源是设备或生产资料时，能力通常表现为某项目所需，可被项目执行者使用，这种能力与本定义中的人力资源能力含义不同。本书所讨论的人力资源，能力表现在具有一定专业知识，能够执行某类特定项目。

3）Availability：人力资源的可用性。人力资源必须在空闲的时候，才能被分配执行新的活动，因此通过该属型记录人力资源在哪些时间段空闲，在哪些时间段承担了何种项目。

4）Cost：人力资源的单位成本，采用“元/（人·日）”为单位表示。成本与人力资源的工资密切相关，能力高的人通常具有较

高的工资，但这种关系并不是完全成正比的关系。

人力资源在某活动上的工作量投入能够保证所要求的可靠性。根据人力资源的能力，我们可以判断该人力资源需要投入多少工作量，再根据资源的单位成本，计算所投入的成本。当人力资源投入不同的工作量时，能够使航天型号软件项目获得不同可靠性。

4.3 能力二级因素

人力资源不仅是项目中最重要的资源之一，同时也是最昂贵的资源，有时甚至是最容易引起问题的资源，其主要原因是影响人力资源能力的因素众多，描述复杂，并且能力难于评估。在执行项目活动时，由于人力资源的能力不同，执行同一活动会使项目具有不同的可靠性。同时一个人力资源能够执行多种类型的活动，在不同活动中的可靠性也不同，例如需求分析人员可以做很好的需求分析，但是他的测试能力不如一名专门做测试的工程师。本节通过二级因素刻画人力资源的能力。

4.3.1 角色（Role）

角色描述了人力资源承担的岗位和职责。人力资源作为某角色出现时，将执行特定类型的活动。在型号任务中，有如下两类典型角色：

一类管理者角色：

1）系统总师：航天型号任务某系统总设计师，任务负责人；航天某系统产品的管理者代表，某系统任务分解、可靠性分配的组织代表人物，参与系统研制关键过程域、关键节点等重要活动。

2）软件总师：参与某系统任务分解和可靠性分配组织级活动，是软件任务的技术负责人；参与软件任务关键过程域、关键节点等重要活动，是软件问题“双归零”的组织实施者。

3）质量管理人员：航天型号质量管理体系的实施者，参与系统任务分解、可靠性分配，以及工程实施的全过程，监督关键过程域、关键节点、重要活动的质量；独立于研制设计师体系，行使着质量放行“一票否决权”。

4）计划管理人员：计划管理部门代表，负责经费管理、科研计划管理，是型号项目研制的组织调度代表。

5）配置管理人员：软件工程管理体系中的重要角色，负责软件研发三库（开发库、受控库、产品库）的管理。

二类研发者角色：

1）系统分析员：项目负责人，在项目中负责制定项目计划，控制项目进度、成本、质量，管理项目中的人力资源，协调团队成员之间的合作，组织召开项目例会，进行风险管理，向上级汇报项目进展情况等工作；有些项目中，项目负责人同时承担系统设计者、总体设计员等角色的工作。

2）软件工程师：承担软件项目设计工作。

3）软件程序员：了解软件工程，进行软件项目的编码，按时实现项目所要求的功能，保证完成的代码达到质量要求。

4）软件测试工程师：测试人员按照GJB/Z 141《军用软件测试指南》根据软件需求制定测试计划，设计测试数据和测试用例。程序员完成编码后，由测试人员执行测试用例，根据需求实施软件项目的测试工作，准确定位问题，并推动问题的解决。

5）质量保证人员：承担项目的质量保证工作，按照GJB 2072A《军用软件质量监督要求》、GJB 5000A《军用软件研制能力成熟度模型》、GJB 9001B《质量管理体系标准》等标准的要求，制定项目的质量保证计划，对过程和工作产品进行审计，组织各种评审活动。

6）配置管理人员：承担项目的配置管理工作，按照GJB 5000A《军用软件研制能力成熟度模型》、GJB 5235《军用软件配置管理》、GJB 5716《军用软件开发库、受控库和产品库通用要求》等标准的要求，进行项目工作产品的三库管理，以保证工作产品的可靠性。

在项目研发过程中，每个角色都会对应一系列的活动，例如，项目负责人承担需求分析、总体设计等活动，软件工程师对应软件概要设计和详细设计等活动，软件程序员对应编码活动等。在进行人力资源分配时，人力资源分配到某活动必须具有执行该活动的角色。

上述列举的典型角色只是航天型号项目所有角色中的一部分，本模型是一个可扩展的模型，根据各研究院所的实际情况，可以为人力资源的描述配置不同的角色。

4.3.2 经验（Experience）

经验因素描述了人力资源担任某角色应该具备的工作经验，他应该具备承担相应关键级别软件研发的能力素质，通常以年为单位，表示人力资源承担某角色工作的经验。

当选择某人力资源开发某个项目时，项目因具有一定的可靠性安全级别要求（RL），人力资源在所参与的活动上，必须具有相应可靠性安全级别的研发经验。例如，针对 A 级项目，某人力资源具有 A 级软件研发的需求工作经验，但只承担过 C 级软件研发的编码工作，则该人力资源可以分配到该项目的需求活动中，但是不能分配到该项目的编码活动中。

经验通过以下集合进行描述

$$\text{ExperienceSet} = \{\text{Exp}_1, \text{Exp}_2, \cdots, \text{Exp}_n\}$$

人力资源的某项经验通过元组进行描述，其定义如下

定义 4（经验 Exp）： Exp＝（Role，RL，EY，Productivity），其中，

1）Role：表示人力资源拥有该项经验的角色，即担任哪种角色

所获得的经验。

2）RL（Reliability Level）：表示人力资源在担任角色 Role 时，所承担活动的安全可靠性等级。

3）EY（Experience Year）：表示人力资源担任角色 Role、承担活动的安全可靠性等级为 RL 的年限。

4）Productivity：表示人力资源担任角色 Role、承担安全可靠性等级 RL 的活动时，工作的生产率，用来估算执行活动的工作量。在承担不同类型活动以及不同安全可靠性等级的活动时，人力资源的生产率都会不同，所需花费的工作量也不同。例如，同样是编码，由于 A 级软件的可靠性要求更高，需要花费更大精力，更细致地编码和检查软件，所以 A 级软件的编码生产率可能比 B 级软件的编码生产率低。

在上述定义中，生产率可以用生产率系数（coefficient of productivity，CP）来描述。我们将“1”作为基准，假设某活动的平均工作量估算为 E ，则某人力资源承担该活动所需投入的工作量为 E/CP，例如，若 CP＝2，则需要投入 $E/2$ 的工作量；若 CP＝0.5，则需要投入 $2E$ 的工作量。

当人力资源在某一角色上同时承担过不同安全可靠性等级的活动时，每个等级的经验需要单独作为一项经验描述，并放入经验集合中。

4.3.3　专业知识和技能（Knowledge and Skill）

人力资源专业知识和技能影响其担任的角色。航天型号任务中，人力资源必须具有所从事研发工作的相关专业知识和技能，才能从事相关研究工作，例如，软件任务的领域知识、分析设计方法知识、各种编程语言知识、测试方法相关知识，以及分析、设计、编码、测试等相关技能。

人力资源专业知识和技能的考察在员工招聘时，可通过业务部门与人力资源管理部门共同配合，以笔试和面试的方式进行综合考量；在日常研发时，根据人力资源的经验可以不断更新其专业知识和技能档案。

4.3.4 学习和遗忘能力（Learn and Forget）

与机器设备不同，人具有学习和遗忘的特点，其拥有的某项技能随着不断学习而逐渐提高，然而在该项技能长时间不使用时，也同时伴随着遗忘。例如，在航天型号软件任务研发中，某程序员使用C语言编写软件，随着编码工作的进行，他的编程能力不断提高，生产率逐渐提升；然而，当他停止编码工作后，由于遗忘，编程的生产率将随着时间呈现下降趋势。

如图12所示，某人力资源在 T_0 时刻的生产率是 P_0，在 T_0 到 T_1 时间段参加某项目后，经过实践学习，生产率提升到 P_1；在 T_1 到 T_2 时间段没有参与项目，由于遗忘，生产率降为 P_2；在 T_2 到 T_3 时间段内参加某个项目，经过实践学习，生产率提升到 P_3；在 T_3 到 T_4 时间段没有参与项目，由于遗忘，生产率降为 P_4。以此类推，人力资源某类工作的生产率处于不断变化中。但这种变化并非线性，经验表明，当人力资源能力较低时，学习曲线较陡，即生产率迅速提升，但当生产率增长到一定高度后，进一步增长的速度逐渐变得平缓。在人力资源停止工作后，开始时的遗忘曲线较陡，即生产率迅速下降，但是这种下降的速度随时间逐渐变缓。

因此，在人力资源调度时，应该考虑人力资源学习能力对调度结果的影响。当某研制任务需要一定能力的人力资源，而当前不存在具备该能力的人力资源时，则应该有计划地安排具有合适学习能力的人力资源提前在其他的研制任务中得到锻炼，从而在该研制任务开始时，有具备相应能力的人力资源可供调度。由于不同人力资源对各类技能的学习能力不同，例如，有的人力资源在编程方面具有较强的学习能力，经过学习能够迅速提高编码生产率，有的人力

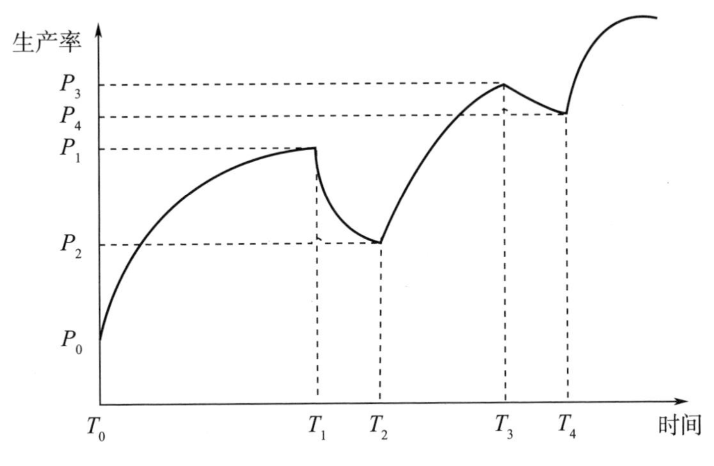

图 12　人力资源的学习与遗忘

资源在测试方面具有较强的学习能力，经过学习能够迅速提高测试效率，因此，在人事部门招聘人力资源时，要对人力资源的学习能力进行考察，同时，在进行岗前培训、在岗培训及实际研制工作时，应合理有效安排人员，使其在实践中更好地提升能力。

4.3.5　协作能力（Collaboration）

项目研发通常由多人合作共同完成，因此团队协作能力非常重要。团队协作能力，是指建立在团队的基础之上，发挥团队精神、互补互助以实现团队最高工作效率的能力。对于团队的成员来说，不仅要有个人能力，更需要有在不同的位置上各尽所能、与其他成员协调合作的能力。

协作能力可以通过如下方面刻画：

1）积极聆听：表现耐心并通过询问加深对问题的了解；能准确抓住对方传递的重要信息；即使不认同对方观点，也能对对方的观点表示理解。

2）口头表达：在个人或团体间，以及正式或非正式的场合，都能通过口头语言和肢体语言有效表达自己；表达清晰、简洁并令人信服。

3）掌握语言：较好的听说能力，熟悉跟工作相关的术语。

4）阅读能力：具有较强的阅读理解能力，能够快速掌握关键信息。

5）书面表达：熟悉演示、备忘录、报告及日常书面沟通的形式，能书面清楚及有效率地表达观点，并能根据正式及非正式商业场合选择合适的风格。

6）人际敏感性：对自己及他人的性格、情绪、需要等有敏锐的直觉和认知，能准确评估及解读他人话语中的外在及隐含的含义，善于洞察别人的心理。

7）换位思考：能够打破自我中心的思维模式，尝试从对方的角度和立场考虑问题，体察对方感受，促进相互理解。

8）热情主动性：在人际交往过程中，积极主动地去了解他人或使他人了解自己，体察他人需要。

9）灵活适应能力：能够针对不同情境和不同交往对象，灵活使用多种人际技巧和方式，以适应复杂的人际环境。

10）配合能力：当处于不同的工作角色，具有能与人互相帮助、积极沟通、克服困难的能力。

协作能力从以下两个方面确定。

1）过去工作的表现：包括在过去项目中曾经与哪些其他人力资源合作，工作效率如何。从过去工作表现中，可以给出常见的人员合作组合，使得新项目有更高的效率。

2）协作能力调查问卷：研究院所可以在员工入职时，通过调查问卷的形式获取人力资源对工作的态度、对合作的态度等。

当一个活动需要人力资源时，一方面要从具有相应角色和相应安全可靠性等级的人力资源中选取，另一方面必须保证投入同一项目同一活动中的所有人力资源能够很好合作以更有效地开展工作。

4.3.6　综合分析和解决问题能力（Analysis and Resolve）

综合分析和解决问题的能力包括人力资源对知识的掌握，在项目研发中如何理解问题并解决问题等能力。航天型号项目研发中会遇到各种问题，包括技术问题和非技术问题，只有具有良好的综合分析和解决问题的能力，才能使型号项目中的难题一个个地被攻克，最终保证型号任务的成功。因此，综合分析和解决问题的能力在航天型号项目研发中十分重要。综合分析和解决问题的能力从客观和主观两个方面确定：

1）客观：客观方面主要包括人力资源过去工作中曾经解决的问题，包括问题类型、问题难度、解决问题的效率和所花费的工作量。此外，人力资源在入职时，研究院所可以通过面试、笔试、调查问卷等方式系统考查人力资源的分析和解决问题的能力。

2）主观：主观方面包括人力资源在分析解决问题时被其他人的认可程度。

创新性（innovation）：创新可以包括很多方面，如技术创新、方法创新、思想创新等。创新可以提高生产效率，降低生产成本。航天型号任务科技含量较高，而且最终都要能够在工程上实现，创新性是航天型号任务可持续性发展的主要源泉，能够使得工作具有前瞻性、前沿性和战略性。

4.4　可用性二级因素

在向项目活动分配人力资源时，人力资源必须具有相应的空闲时间。在多项目环境下，由于人力资源通常会参与多个项目的多个活动，容易引起资源的竞争和冲突，因此必须通过良好的形式描述人力资源的空闲时间、所参与的项目，从而在调度时能够准确刻画人力资源的使用状态。本书在人力资源的描述中，通过可用性描述人力资源的工作状态。在可用性一级因素之下，有人力资源的空闲时间和工作内容两个二级因素。

4.4.1 人力资源空闲时间（Availability Time）

该属性表明人力资源在什么时间下可用。本书采用一组空闲时间段表示可用性，每个空闲时间段包括起始时间和结束时间，以天为单位，表明在这个空闲时间段中可被使用。空闲时间段集合描述如下

$$\{[T_{s1},T_{e1}],[T_{s2},T_{e2}],\cdots,[T_{sk},T_{ek}]\}$$

其中，T_{si} 表示第 i 个空闲时间段区间的起始日期，T_{ei} 表示第 i 个空闲时间段区间的终止日期。

可用性的初始值是一个单位雇用人力资源的时间，随着为人力资源分配活动，可用性会根据活动的分配情况进行动态调整。例如，若对 Availability $=\{([T_{sk},\ T_{ek}]\}$ 上分配一个时间段区间为 $[T_{sa},\ T_{ea}]$ 的活动时(其中，$T_{sk}\leqslant T_{sa}$，$T_{ek}\geqslant T_{ea}$)，可用性变为 $\{[T_{sk},\ T_{sa}],\ [T_{ea},\ T_{ek}]\}$。

在初始设定人力资源的空闲时间时，可根据研究院所的人员招聘劳动合同时间，设定一个时间区间。例如，与某人力资源签订三年劳动合同，从 2010 年 7 月 1 日到 2013 年 6 月 30 日，则该人力资源的空闲时间表示为

$$\{[2010-7-1,2013-6-30]\}$$

如果给人力资源 2010 年 9 月 1 日到 2010 年 12 月 31 日分配某型号项目研发工作，则该人力资源的空闲时间变化为

$$\{[2010-7-1,2010-8-31],[2011-1-1,2013-6-30]\}$$

为人力资源分配工作时，不能在非空闲时间分配。

4.4.2 人力资源的工作内容（Working Content）

该属性描述人力资源所参与的所有活动及每个活动上的起止时间，由资源的时间表与活动对应的元组构成，描述如下

$$\{([T_{s1},T_{e1}],A_1),([T_{s2},T_{e2}],A_2),\cdots,([T_{sm},T_{em}],A_m)\}$$

其中，A_i 表示人力资源执行的第 i 个活动，T_{si} 表示执行活动 A_i 时间段区间的起始日期，T_{ei} 表示执行活动 A_i 时间段区间的终止日期。

例如，前述例子中，人力资源招聘后，初始的工作内容为空：{}。

如果给人力资源 2010 年 9 月 1 日到 2010 年 12 月 31 日分配某型号项目研发工作，则该人力资源的工作内容变化为

{(2010－9－1,2010－12－31),某型号项目研发工作}

人力资源的空闲时间及工作内容包含的所有时间段，构成了人力资源在研究院所的所有时间。

4.5　小结

航天型号任务人力资源模型主要是针对多项目、多资源冲突影响任务可靠性指标实现提出来的，本章首先针对航天型号任务人力资源的特点，定义了构成人力资源模型的标识、能力、可用性、成本等一级因素，然后对一级因素展开，给出角色、经验、专业知识和技能、学习和遗忘能力、协作能力、综合分析和解决问题能力等二级因素描述人力资源的能力，并给出空闲时间和工作内容等二级因素描述人力资源的可用性。

目前，由于人力资源模型方面还缺乏创新性、协作性等因素的量化基础，对上述因素的评价还显不足。此外，人力资源能力评价需要人力资源部门的支持，尤其是要建立人力资源库，并根据人力资源能力的变化以及人员的变更实时更新。下一步计划在本书工作的基础上对创新性、协作性等因素进一步量化，重点考虑对上述因素的量化分析及对人力资源能力的综合评价，力求在现有人力资源模型的基础上尽可能提高解决实际问题的有效性并更为全面。

第5章　型号任务软件可靠性分配与人力资源关系模型

建立型号任务可靠性分配与人力资源的关系模型，是实现多项目人力资源调度优化算法、进行航天型号项目人力资源配置、保障航天型号项目可靠性的关键。本章主要描述活动-资源-工作量-可靠性的映射关系，给出人力资源与可靠性分配之间的约束模型，建立满足可靠性要求的多项目资源调度优化算法。

5.1　活动-资源-工作量-可靠性映射及映射函数

在本书所述项目模型中，活动属性由执行活动所需要的资源描述（Resource Request），该属性对执行活动所需的人力资源提出要求，这些要求是执行活动的必要条件。活动的资源需求由执行该活动所需要的角色、活动所需要达到的最低可靠性要求，以及在该活动上的工作量投入构成，本书对资源需求定义如下：

定义5（资源需求ResourceRequest）：ResourceRequest =（Role，Reliability，Effort），其中，

1）Role：执行活动所需的资源角色。航天型号项目中，不同活动中包含了不同类型的工作，需要具有特定角色的人力资源执行。该属性对角色提出要求，必须具有相应角色才能将其分配给活动。

2）RL（Reliability Level）：执行活动所需要满足的可靠性要求，采用安全可靠性等级表示。执行活动的人力资源必须在Role表示的角色上具有相应等级或更高等级。

3）Effort：执行活动需要投入的工作量。该工作量是在假定人力资源生产率系数为1时（即按照平均水平）给出的工作量估算。在给出工作量之后，不同能力的人力资源执行活动的时间可以计算出来。

若某个人力资源能力描述中包含活动资源需求中要求的角色，并且在该角色具有比资源需求中要求的更高的安全可靠性等级，则该人力资源可以作为执行该活动的选择。

某个项目的某个活动，一般会存在多个具有执行活动能力的人力资源，由于能力不同，使用相同的工作量可导致不同成本，并可使项目达到不同可靠度；即使达到同一可靠度，不同资源投入的工作量和成本也会不同。因此研发一个项目，乃至于执行每一个活动都有不同的资源选择。为描述完成每个活动的可选资源及某个资源执行活动投入的工作量及项目执行得到的可靠性，我们采用如表3所示的活动-资源-工作量-可靠性映射表。其中，每行代表一个活动A_i及完成A_i的多种资源组合，以及采用某资源组合完成活动所需的工作量及达到的可靠性。Res_{ij}表示A_i的第j种资源组合，由活动的资源需求及资源的能力共同确定，需要满足如下条件：

1）分配给活动的人力资源必须具有活动要求的角色，并且根据人力资源能力的经验因素判断，人力资源在该角色上具有活动要求的安全可靠性等级。

2）若有多个人力资源分配给活动，根据人力资源能力的协作性因素判断，这些人力资源能够很好地合作。

3）根据活动所包含工作的难度，人力资源要具有充分的分析和解决问题的能力，能够承担足够的创新性工作。

4）根据活动需投入的工作量，人力资源要具有良好的身体素质和心理素质，能够承受活动所带来的压力。

本书假设若多个资源参与同一个项目，必须同时可用，并且所需工作量相同。E_{ij}表示该种选择下，完成活动所需的工作量，RL_{ij}

表示项目的安全可靠性等级。

表 3 活动-资源-工作量-可靠性映射表

活动	可选资源组合、工作量及可靠性
A_1	$(\mathrm{Res}_{11}, E_{11}, \mathrm{RL}_{11})$、$(\mathrm{Res}_{12}, E_{12}, \mathrm{RL}_{12})$、……
A_2	$(\mathrm{Res}_{21}, E_{21}, \mathrm{RL}_{21})$、$(\mathrm{Res}_{22}, E_{22}, \mathrm{RL}_{22})$、……
……	……

例如，某方案设计工作需要“某项目的设计能力”，要求达到安全可靠性等级 B，甲和乙分别具有该项目的设计能力，都可以作为候选资源，完成该设计工作所需的工作量分别是 10 天和 12 天，所达到的安全可靠性等级分别为 A 和 B。同时，两个人可以共同完成该工作，共同工作的工作量是 6 天，所达到的安全可靠性等级是 A。则可选资源组合及工作量表示为：（甲，10 天，A）、（乙，12 天，B）、（甲乙，6 天，A）。

上述例子的一个特别场景是，若甲与乙两个人力资源不能较好协作，则他们在一起工作的效率比单独一个人的工作效率稍高，但远达不到两人工作量总和的一半，例如表示为（甲乙，9 天，A）。这种组合虽然不够高效，但在时间紧张的情况下，仍可以选择，以减少工作时间。

5.2 人力资源与可靠性分配之间的约束模型

由于航天型号任务中人力资源的有限性，在设计一个系统时，有许多约束条件。可靠性的获得必须在费用、时间、人员、可靠性要求等的限制条件（即约束条件）下，使所设计系统的可靠性最大。

5.2.1 人力资源的能力约束

一个资源 Res 要分配到活动 A 上，Res 必须具有承担 A 所要求

的角色，并且其安全可靠性等级经验必须比活动 A 所要求的安全可靠性等级高，具体描述如下

$$(\exists (\text{Role}_i, \text{RL}_i, \text{EY}, \text{Productivity}) \in \text{Res. Capability. Exp})$$
$$\wedge (\text{Res. Capability. Exp. Role}_i = A.\text{ResourceRequest. Role})$$
$$\wedge (\text{Res. Capability. Exp. RL}_i \geqslant A.\text{ResourceRequest. RL})$$

5.2.2　人力资源的可用性约束

人力资源的可用性约束是指对某人力资源需求的总量不能超过其可调用的工作量。将某人力资源 Res 在一个时间段 [T_s，T_e] 分配给活动 A，并且满足活动 A 的要求需要投入工作量 E，则资源除了满足能力要求外，还必须满足如下工作量约束

$$\sum_k (\text{Res. Availability. } T_{ek} - \text{Res. Availability. } T_{sk}) +$$
$$(T_e - \text{Res. Availability. } T_{sf}) + (\text{Res. Availability. } T_{eg} - T_s)$$
$$\geqslant \frac{E}{\text{Res. Capability. } C_{P_i}}$$

在上式中

[Res. Availability. T_{sf}，Res. Availability. T_{ef}] 跨越时间段 [T_s，T_e] 的结束时间点；

[Res. Availability. T_{sg}，Res. Availability. T_{eg}] 跨越时间段 [T_s，T_e] 的开始时间点；

C_{P_i} 是指某项目 P_i 的成本，该成本不考虑人员工资，只考虑工作量。

$\sum_k (\text{Res. Availability. } T_{ek} - \text{Res. Availability. } T_{sk})$ 表示人力资源 Res 在时间段 [T_s，T_e] 之间 k 个空闲时间段的空闲时间总和。不等式的左侧是人力资源 Res 在时间段 [T_s，T_e] 之间可使用的空闲时间，不等式的右侧是人力资源需要投入的时间。

5.2.3　项目的时间约束

卫星发射工作由于受卫星轨道精度要求、目标天体与地球相对

位置要求、天气因素、政治因素等影响，时间窗口的选取非常关键。一旦时间窗口确定，必须在规定时间内完成系统和发射任务的准备。此外，航天型号系统是多个单位配合的大型复杂系统，各个分系统乃至部件的研发互相影响和约束，因此，对各部件的研发通常会有“后墙不倒”的强时间约束。设项目 P_i 的实际开始和结束时间分别为$\mathrm{StartTime}_i$ 和 $\mathrm{EndTime}_i$，则需要满足如下约束

$$P_i.\mathrm{ReleaseTime} \leqslant \mathrm{StartTime}_i \leqslant \mathrm{EndTime}_i \leqslant P_i.\mathrm{Deadline}$$

上式描述项目 P_i 的开始时间不能早于最早开始时间，结束时间不能晚于后墙不倒时间。

5.2.4 项目的成本约束

航天型号软件项目的主要成本是人力资源成本，它是所有活动上的人力资源投入工作量带来的成本。将研究院所承担的所有项目作为一个项目集 P_S，假设包含 n 个项目，项目集所有项目的总成本为C_{P_S}；设每个项目 P_i 包含 m 个活动，项目的成本为C_{P_i}； 每个活动的成本是分配给活动的人力资源的成本。则研究院所的软件项目投入总成本为

$$C_{P_S} = \sum_{i=1}^{n} C_{P_i}$$

$$C_{P_i} = \sum_{j=1}^{m} C_{A_{ij}}$$

$$C_{A_{ij}} = E_{ij} \cdot \mathrm{Res}_{ij}.\mathrm{Cost}$$

其中，Res_{ij} 是分配给 A_{ij} 的人力资源，在该活动上投入的工作量是 E_{ij}。

设研究院所的项目总预算为 Budget，则成本必须满足如下约束

$$C_{P_S} \leqslant \mathrm{Budget}$$

5.2.5 项目的可靠性约束

在航天型号任务可靠性分配方法中，本书给出如何将任务总体

可靠性分配给各个系统、分系统、子系统，直到项目一级。当一个项目的安全可靠性等级要求确定，项目最终实现的安全可靠性等级必须大于所要求的安全可靠性等级，即满足如下基本不等式

$$R_P \geqslant R_P^*$$

其中，R_P 是项目最终实现的安全可靠性等级，R_P^* 是项目的安全可靠性要求。

5.3　小结

本章描述了活动的资源需求，在此基础上根据活动需求和人力资源能力，给出活动、人力资源、工作量、可靠性的映射关系，建立映射关系表。最后，给出人力资源与可靠性分配之间存在的各种约束，包括人力资源的能力约束、人力资源的可用性约束、时间约束、成本约束、可靠性约束，从而建立了人力资源与可靠性分配之间的关系模型。第 4 章的人力资源描述模型以及本章的人力资源与可靠性分配之间的关系模型，解决了航天型号软件研发中人力资源描述问题以及人力资源与可靠性分配的关系问题，是多项目人力资源优化调度的基础。

第 6 章　多项目人力资源优化调度算法

6.1　引言

研究院所同时承担多个项目的研发工作，这些项目可能属于一个型号任务，也可能属于多个不同的型号任务，如图 13 所示。由于研究院所承担各项目所属的型号任务重要程度不同，所做项目的工作内容的重要程度、可靠性要求、成本要求、进度要求都不相同。研究院所通常人力资源有限，面对日益增加的项目需求，需要合理配置人力资源，才能保证各项目研发满足进度要求、成本要求、可靠性要求。本章基于航天型号任务人力资源模型及可靠性分配与人力资源的关系模型，给出人力资源调度价值函数，并通过遗传算法实现人力资源的优化调度。

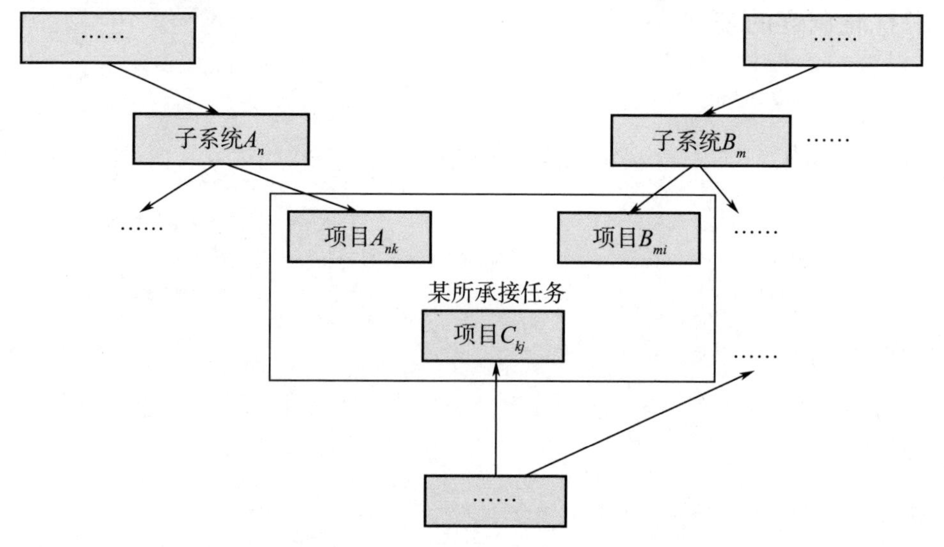

图 13　研究院所承担多项目研发工作示例图

6.2 优化调度数学描述

项目研发通常具有冲突的资源需求，尤其对于航天集团内各研究院所，软件研发团队规模并不大，但是承担的研发工作较重，通常是多型号、多项目并发进行，需要根据项目的重要程度、可靠性要求、进度要求、成本要求等，对资源进行合理安排，以使单位获得最大收益。

设研制单位有 n 个项目

$$P_S=\{P_1,P_2,\cdots,P_n\}$$

令项目 P_i 安全可靠性等级要求为 $\text{Reliabality}_{P_i}^{*}$（即 $R_{P_i}^{*}$），则项目的实际安全可靠性等级 R_{P_i} 满足如下约束

$$R_{P_i}\geqslant \text{Reliabality}_{P_i}^{*}$$

对于 A 级项目，其所有活动必须达到 A 级要求，活动投入的人力资源必须具有研发 A 级项目的经验和能力，即满足如下要求

$$(\forall \text{Activity}\in P.\text{ActivitySet})\wedge(\text{Activity.ResourceRequest.RL}=\text{A})$$
$$\wedge(\forall \text{HumanResource}\in \text{Activity})\wedge(\text{HumanResource.Exp.RL}=\text{A})$$

上述公式中，Activity 是项目 P 的一个活动，$\forall$ HumanResource $\in$ Activity 表示执行 Activity 的人力资源。

对于 B 级项目，其所有活动必须达到 B 级要求，活动投入的人力资源必须具有研发 A 级或 B 级项目的经验和能力，即满足如下要求

$$(\forall \text{Activity}\in P.\text{ActivitySet})\wedge(\text{Activity.ResourceRequest.RL}=\text{B})$$
$$\wedge(\forall \text{HumanResource}\in \text{Activity})\wedge(\text{HumanResource.Exp.RL}\geqslant\text{B})$$

对于 C 级项目，其所有活动必须达到 C 级要求，活动投入的人力资源必须具有研发 A 级、B 级或 C 级项目的经验和能力，即满足如下要求

$$(\forall \text{Activity}\in P.\text{ActivitySet})\wedge(\text{Activity.ResourceRequest.RL}=\text{C})$$
$$\wedge(\forall \text{HumanResource}\in \text{Activity})\wedge(\text{HumanResource.Exp.RL}\geqslant\text{C})$$

所有的项目都应该达到安全可靠性等级 D 级要求。

令项目 P_i 的预算要求为 $\text{Budget}_{P_i}^*$（即 $C_{P_i}^*$），则项目的实际成本 C_{P_i} 满足如下约束

$$C_{P_i} \leqslant \text{Budget}_{P_i}^*$$

每个项目的成本 C_{P_i} 由参与项目的人力资源成本构成，表示如下

$$C_{P_i} = \sum_{k=1}^{t} A_{ik} = \sum_{k=1}^{t} (E_{ik} \cdot \text{Res}_{ik}.\text{Cost}) \leqslant \text{Budget}_{P_i}^*$$

令项目 P_i 的最晚结束时间要求是 $\text{Deadline}_{P_i}^*$（即 $S_{P_i}^*$），则项目 P_i 的实际结束时间 S_{P_i} 满足如下约束

$$S_{P_i} \leqslant \text{Deadline}_{P_i}^*$$

为衡量多项目资源优化调度结果，本书定义项目 P_i 的价值如下

$$\text{Value}_{P_i} = \alpha_i \cdot (R_{P_i} - R_{P_i}^*) + \beta_i \cdot (C_{P_i}^* - C_{P_i}) + \gamma_i \cdot (S_{P_i}^* - S_{P_i}) + V_{P_i}$$

其中，α_i 、β_i 、γ_i 分别是项目 P_i 的可靠性、成本和进度的价值系数，V_{P_i} 是项目成功的价值。通常，满足约束条件的价值系数和不满足约束条件的价值系数不同。例如，针对可靠性因素，若项目安全可靠性等级要求为 A，则若实际达到 A 级，第一项为 0，项目能够获得项目成功的价值，若未达到 A，则设可靠性的价值系数为非常大的数值（例如100 000 000），表明由于未达到可靠性要求而受到的损失；若项目安全可靠性等级要求为 B，则若实际达到 B，第一项为 0，项目能够获得项目成功的价值，若未达到 B，则设可靠性的价值系数为非常大的数值（例如 1 000 000），表明由于未达到可靠性要求而受到的损失，若达到 A，则设可靠性的价值系数为一定数值（例如 100 000），表明由于超过原定的可靠性要求而得到的收益。一般来说，可靠性未达到要求比可靠性超过要求影响大很多，即未满足可靠性要求的损失远大于满足可靠性要求的收益。

针对进度和成本因素，项目价值系数的设定需要考虑如下因素：

1）航天型号项目通常由于政治、经济、各单位的配合等原因，具有非常严格的结束时间限制，即“后墙不倒”。这类项目一旦延期，将带来不可估量的损失，其相关配套项目具有较强的时间约束，进度相关的价值系数也将很大。为满足进度要求，可能采取的措施是聘用能力强的人员（成本也将很高）、让其他项目延后等。

2）对于一些核心部件的研发项目，如果出现问题将造成不可估量的损失。这类核心部件的研发项目，虽然要满足时间要求，但更重要的是满足可靠性要求。此种情况可能采取的措施是聘用能力强的人员、增加工作量的投入等。

3）研究院所一般要保证最小的投入获得最大产出。在满足进度和可靠性要求的同时，研究所会尽量做到合理安排，以缩减成本。

基于上述因素，我们可以通过为价值函数配置不同的系数，调整不同项目的目标，以满足它们的要求。针对可靠性、进度、成本目标，主要做如下调整：

1）当一个项目的可靠性非常重要，为实现可靠性目标可忽略成本投入及进度要求，则可令成本和进度的价值系数都为0或较小的数值，即项目价值只通过可靠性的价值来实现，同时对不能满足可靠性要求的价值系数设为较大的数值，使得一旦不满足可靠性要求，损失将非常大。

2）当一个项目的进度非常重要，则将进度价值系数设为较大数值，而降低可靠性和成本的价值系数；

3）当一个项目的成本非常重要，则将成本价值系数设为较大数值，而降低可靠性和进度的价值系数。

根据每个项目的价值，可以得到研究院所多项目研发的总价值如下

$$\text{Value} = \sum_{i=1}^{n} (\omega_i \cdot \text{Value}_{P_i})$$

其中，ω_i 是项目 P_i 的收益重要程度，则上式进一步表示为

$$\text{Value} = \sum_{i=1}^{n} [\omega_i \alpha_i (R_i - R_i^*)] + \sum_{i=1}^{n} [w_i \beta_i (C_i^* - C_i)] + \sum_{i=1}^{n} [w_i \gamma_i (S_i^* - S_i)] + \sum_{i=1}^{n} V_{P_i}$$

由此，构造多项目人力资源优化调度的数学描述如下：

$$\begin{cases} \text{Max(Value)} \\ \text{弱约束：可靠性、进度、成本约束} \\ \text{强约束：人力资源能力、可用性约束} \end{cases}$$

其中，第一项表示调度目标是获得最大化价值；第二项表示调度中需要遵守的弱约束，原则上需要满足，如果不能满足，价值会受到影响；第三项表示调度中必须严格遵守的人力资源能力约束和可用性约束。

6.3 优化调度算法

多项目人力资源优化调度的关键在于要确定一个方法，通过该方法能得到合理的调度方案，使得调度方案具有最大化的价值（唯一方案或有限数量方案）。调度方案为每个项目分配了合适的人力资源，同时满足各种强约束和弱约束。

多项目人力资源优化调度算法主要包含如下步骤：

1）对每个航天型号项目进行分解，给出所有的活动，明确活动的工作内容、与其他活动的前后置关系、人力资源需求及工作量估算。

2）对研究院所的可用人力资源进行描述，并根据项目活动的人力资源需求和人力资源的能力、可用性等因素的描述，确定每个项目所有的可能人力资源组合，建立活动-资源-工作量-可靠性映

射表。

3）确定多项目人力资源调度所要达到的目标，即在有限人力资源情况下获得航天型号项目高可靠性，同时满足进度、成本方面的要求，根据项目及资源的属性，给出目标满足程度的评价方法。

4）采用基于遗传算法的调度算法进行调度，给出优化调度结果，以满足最终高可靠性目标。

上述步骤中，本书通过航天型号任务可靠性分配模型完成第 1）步的工作；通过航天型号任务人力资源模型及可靠性分配与人力资源关系模型完成第 2）步的工作；根据 6.2 节介绍的航天型号任务多项目人力资源优化调度数学描述，建立第 3）步的调度目标。本节将基于遗传算法给出第 4）步的优化调度算法。

基于遗传算法进行人力资源优化调度过程如图 14 所示，为了形式化地描述该算法，定义如下算子：

1）BuildChromosomeStructure（SoftwareTasks，HumanResources）：根据软件任务包含的活动以及可供调度的人力资源，建立染色体的结构，该算子实现了染色体的编码；

2）GenerateInitialPopulation（PopulationSize，ChromosomeStructure）：根据种群大小及染色体结构，生成初始的种群；

3）ComputeFitness（Population）：计算种群中所有染色体的适应度；

4）SelectParent（Population）：对种群进行染色体的选择；

5）Crossover（CrossoverRate，Population）：根据交叉率，对种群实行交叉操作，生成种群的所有后代并合并到种群中；

6）Mutation（MutationRate，Population）：根据变异率，对种群实行变异操作；

7）JudgeTerminate（）：遗传算法是否终止的判断算子，根据当前进化的结果以及完成的遗传代数，给出 True 或 False；

8）MaxChromosomeSelection（Pupulation）：从作为参数的种

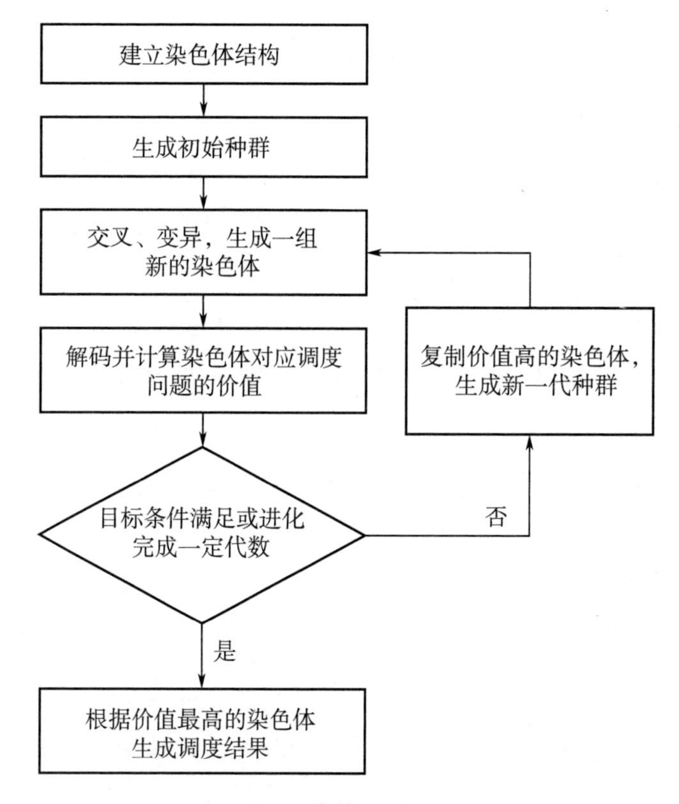

图 14　遗传算法优化过程

群中选择适应度最大的染色体；

9）Decoding（Chromosome）：将染色体解码为人力资源调度方案。

基于上述算子，优化调度算法（算法 6.1）如下所示：

算法 6.1：基于遗传算法的人力资源优化调度算法

输入：遗传算法参数（种群规模 PopulationSize、交叉率 CrossoverRate、变异率 MutationRate）；软件任务 Software-Tasks；可调度的人力资源 HumanResources

输出：

Begin

1. Initialization

```
    1.1  ChromosomeStructure ←
    BuildChromosomeStructure (SoftwareTasks, HumanResources);
    1.2  Population ←
    GenerateInitialPopulation (PopulationSize, ChromosomeStructure);
    1.3  ComputeFitness (Population);
  2. While ! Terminate do
    2.1  SelectParent (Population);
    2.2  Crossover (CrossoverRate, Population);
    2.3  Mutation (MutationRate, Population);
    2.4  ComputeFitness (Population);
    2.5  Terminate = JudgeTerminate ()
  End While
  3. Chromosome = MaxChromosomeSelection (Pupulation);
  4. Decoding (Chromosome);
End
```

6.3.1　遗传算法编码

我们将研究院所承担的多个航天型号项目作为多项目人力资源调度的范围，每个项目由若干具有明确目标的活动组成，例如需求、开发、测试等，每个活动根据资源模型及项目描述模型可以确定若干有能力完成活动的资源。

设一个研究院所承担 N 个项目研发工作，P_1, P_2，…，P_N，其中每个项目 P_i 包含 M_i 个活动。根据活动-资源-工作量-可靠性映射表，假设每个活动 $A_{i,j}$ 有 $\mu_{i,j}$ 种选择。根据文献 [70] 的方法，将染色体分为映射选择相关的基因和优先级相关的基因，本书对单位内部多研发项目的调度问题编码如下：

(1)“资源-工作量-可靠性”映射基因

将项目按照一定顺序排列：P_1，P_2，…，P_N，对于每个项目

P_i ，其所包含的 M_i 个活动按照约束关系进行排序，保证排序后所有活动的前置活动都在该活动之前。再将活动按照部件的顺序进行排序。对于每个活动 $A_{i,j}$ ，令 $\lambda_{i,j}$ 是备选资源-工作量-可靠性映射的数量，为 $A_{i,j}$ 对应 $\lambda_{i,j}$ 位二进制数，作为映射对应的基因，每个二进制数对应一个映射，并将所有活动对应的映射基因按照活动层中活动的顺序进行排序，最后得到的染色体结构如图 15 所示。

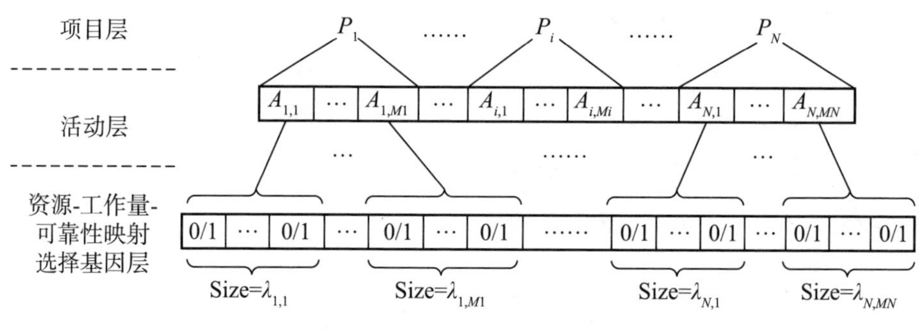

图 15 “资源-工作量-可靠性”映射基因结构

为建立染色体结构，定义如下算子：

1）ST. getAllActivity ()：获取软件任务 ST 的所有活动。

2）CreateBinaryStringWithSize (ChromosomeSize)：创建长度为 ChromosomeSize 的染色体。

建立染色体结构算法（算法 6.2）如下所示：

算法 6.2 ：建立染色体 (BuildChromosomeStructure)

输入：软件任务集合 STSet

输出：染色体 Chromosome

```
Begin
  1. ChromosomeSize ← 0; //设定染色体初始长度为 0
  2. For Each ST in STSet
  //获取软件任务的所有活动
    2.1  ActivitySet←ST. getAllActivity ();
    2.2  For Each Activity in ActivitySet
```

```
    //获取资源组合数量
      2.2.1   Number←Activity.ResourceCombination-Number;
      2.2.2   ChromosomeSize←ChromosomeSize + Number;
      End For
    End For
  3. Chromosome ←CreateBinaryStringWithSize (ChromosomeSize);
  4. Return Chromosome;
End
```

当活动的基因位为 1 时，表示对应映射的资源被选择作为执行活动的人力资源。如果同一活动多个基因位都是 1，则从左向右第一个出现 1 的基因位对应的映射被选择。

（2）优先级基因

当一个活动选择某个资源-工作量-可靠性映射后，完成活动的资源就确定了。如果其他活动需要相同的资源，就会产生资源冲突。为了解决冲突，本书对于每个活动都设定一组优先级基因，该组基因的长度是预先指定的数 θ 。优先级基因的排序与前述活动的排序相同。如图 16 所示。每个活动的优先级基因是长度为 θ 的二进制数，转化为十进制数后作为活动的优先级。对于两个产生资源冲突的活动，比较它们对应的优先级数值，较大数值具有较高的优先级。如果两个活动的优先级数值相同，则约定在队列前面的活动具有更高的优先级。根据活动的优先级，我们设定活动获

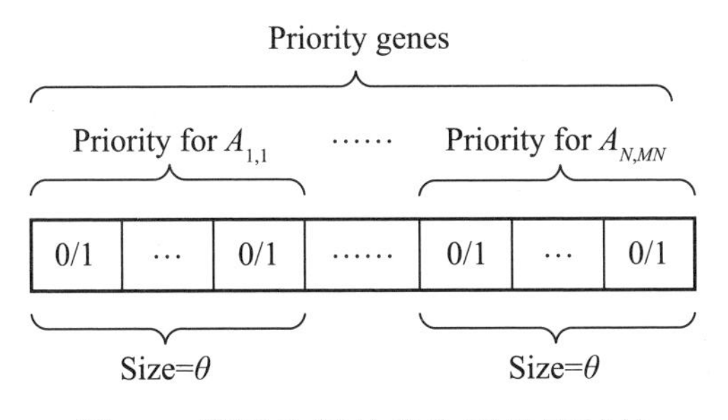

图 16　资源选择的优先级基因结构

取人力资源的顺序，一旦发生资源冲突，则优先为高优先级的活动分配资源。

每个活动的优先级基因是长度为 θ 的二进制数，转化为十进制数后作为活动的优先级。活动优先级生成的算法（算法 6.3）如下所示：

算法 6.3：活动优先级生成算法

输入：染色体 Chromosome；一个活动的优先级基因长度 PSize；优先级基因在染色体中的起始位置 Start

输出：活动优先级 P

```
Begin
    1. P ←0; //为活动优先级的初始值赋值为 0
    2. For I = 0 to PSize
        2.1   P←P * 2 + Chromosome. getElementAt (Start + I)
        End For
    3. Return P;
End
```

两部分基因结构合并在一起，构成多项目资源调度的基因结构。设定种群的规模为 PS，采用随机数生成的方式，按照染色体长度，生成［0，1］之间的随机整数，构成一条染色体，依此生成 PS 条染色体，构成初始种群。

（3）解码过程

对于给定的染色体，我们根据里面包含的二进制数解码就可获得多项目资源调度解空间的一个解。染色体的映射部分中，活动 $A_{i,j}$ 对应的 $\lambda_{i,j}$ 位二进制数，从左向右选择第一个为 1 的基因位对应的资源-工作量-可靠性映射，如果所有的基因位都是 0，则选择活动备选映射中的第一个映射。因此，根据映射基因，可以确定为所有活动选择的资源、可以达到的可靠性，以及资源投入的工作量。完成对应后，通过如下过程进行资源分配（如图 17 所示）：

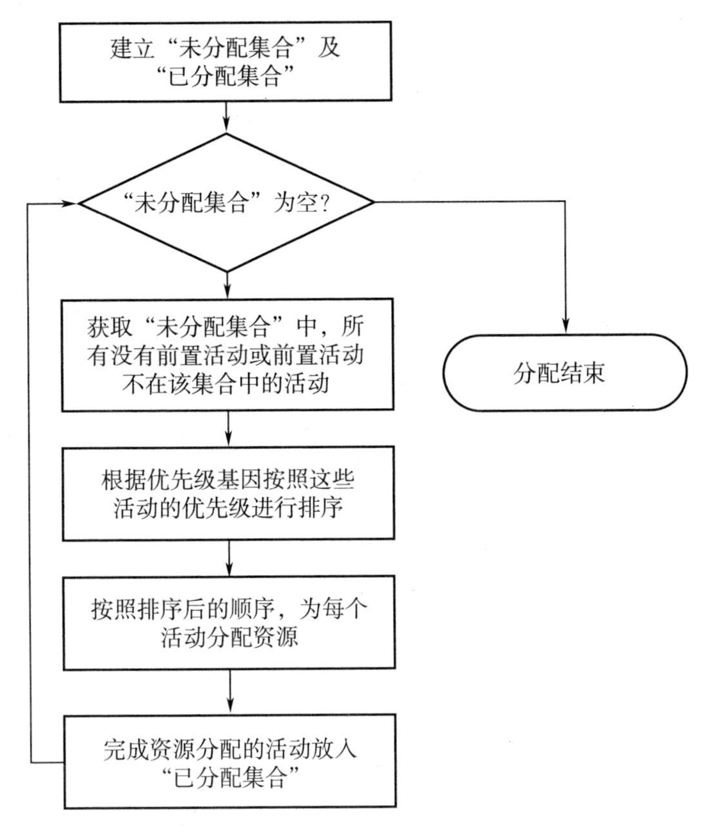

图 17　解码过程中的资源分配

1）建立“未分配集合”及“已分配集合”。初始时，所有活动都放在未分配集合中，活动及资源尚未根据所需工作量确定具体的起止时间。

2）如果“未分配集合”中还有活动，则获取所有没有前置活动，或者前置活动不在该集合中的活动。

3）对于所选出的活动，从染色体中找到对应的优先级，根据优先级进行排序，使得高优先级的活动在队列的前面。如果两个活动的优先级相同，则根据染色体中活动的原始队列进行排序。

4）按照排序后的顺序，为每个活动分配资源。若当前要分配活动没有前置活动，则设活动的最早开始时间是项目的开始时间；

若当前要分配的活动有前置活动，则设活动的最早开始时间是其前置活动的结束时间（若该活动有多个前置活动，则取所有前置活动的最晚结束时间）。从活动的最早开始时间起，寻找满足工作量要求的、所有资源共同空闲的连续时间段，将这个时间段分配该活动，并将资源的可用时间 Availability 和工作内容 WorkContent 属性重新设置。

5）将完成资源分配的活动放入“已分配集合”中，并将其从“未分配集合”中删除。转入第“2”步。

解码过程完成后，所有活动的所有资源分配确定，则各研发项目的可靠性、成本、进度可以计算出来。

为描述染色体解码算法，给出如下算子：

1）SetRessourceForActivity（Chromosome）：根据染色体，设定分配给所有活动的资源。

2）CreateAllocatingActivitySet（）：建立尚未分配人力资源的活动集合，所有活动在初始时都放在该集合中。

3）CreateAllocatedActivity（）：建立一个集合，准备存放所有已完成人力资源分配的活动，该集合初始为空。

4）getFirstAllocatingActivity（）：从集合中获取需要第一个被分配人力资源的活动，该活动在集合中满足如下条件：a）没有前置活动；b）在所有没有前置活动的活动之中优先级最高。

5）Allocating（Activity）：根据给 Activity 的资源，对其进行实际分配，即设定人力资源在该活动上的工作时间。执行该算子时，只要活动允许，人力资源会将最早的空闲时间分配给活动。

基于上述算子，染色体解码算法（算法 6.4）如下所示：

算法 6.4：染色体解码算法

输入：染色体 Chromosome

输出：活动优先级 P

Begin

```
1. SetRessourceForActivity (Chromosome);
2. AllocatingActivitySet ←CreateAllocatingActivitySet ();
3. AllocatedActivitySet ←CreateAllocatedActivity ();
4. While AllocatingActivitySet is not Empty
   4.1  OneActivity ←AllocatingActivitySet.getFirst-Allocating
        Activity ();
   4.2  Allocating (OneActivity);
   4.3  Remove OneActivity from AllocatingActivitySet; //从
        AllocatingActivitySet 中删除活动
   4.4  Insert OneActivity to AllocatedActivitySet; //将活动
        加入 AllocatedActivitySet
End While
End
```

6.3.2　适应度函数

研究院所多项目人力资源优化调度的目标是实现研究院所价值最大化。这种价值包含进度、成本、可靠性等多方面因素。我们将适应度函数设为

$$\text{Fitness}=\begin{cases}\text{Value}^2 & \text{if Value}>1\\ 1 & \text{if}-1\leqslant\text{Value}\leqslant 1\\ \dfrac{1}{\text{Value}^2} & \text{if Value}<-1\end{cases}$$

其中，Value 是价值函数

$$\text{Value}=\sum_{i=1}^{n}[\omega_i\alpha_i(R_i-R_i^*)]+\sum_{i=1}^{n}[\omega_i\beta_i(C_i^*-C_i)]+\sum_{i=1}^{n}[\omega_i\gamma_i(S_i^*-S_i)]+\sum_{i=1}^{n}V_{P_i}$$

6.3.3 遗传操作

本问题的遗传操作与航天型号任务可靠性分配方法中所用到的遗传操作相似，包括对种群中染色体进行选择，构成一组新的染色体。然后，按照一定比例随机抽取若干对染色体，进行两两交叉操作，生成后代。接下来，对某些后代的某些位数字进行变异，或者对某个染色体整体进行变异。随后，将经过上述操作的染色体作为新的种群进行下一轮进化。在进化完成后，从最后一代种群中取出适应度最高的染色体，对其进行解码，作为最终问题的解决方案。

（1）选择：SelectParent（Population）

本算法采用赌轮方式进行染色体选择，它是一种正比选择策略，能够以与适应度值成正比的概率选出染色体，构成新的种群，在新种群中，适应度大的染色体将获得更多的复制，即更多地遗传到下一代种群中。该方法包含如下步骤：

计算所有染色体的适应度值，获得所有染色体适应度之和

$$\text{Fitness}_{\text{sum}}=\sum_{r=1}^{\text{PS}}\text{Fitness}_r$$

其中，PS是种群中染色体的个数。计算每个染色体选择概率

$$p_r=\frac{\text{Fitness}_r}{\text{Fitness}_{\text{sum}}},r=1,2,\cdots,\text{PS}$$

计算每个染色体的累计选择次数

$$q_r=p_r\cdot\text{PS},r=1,2,\cdots,\text{PS}-1$$

$$q_{\text{PS}}=\text{PS}-\sum_{r=1}^{\text{PS}-1}(p_r\cdot\text{PS})$$

其中，q_{PS} 单独计算的原因是其他染色体的选择中可能出现四舍五入的情况而与总数不符。

（2）交叉：Crossover（CrossoverRate，Population）

本书采用单点进行交叉。该方法随机选择一个交叉点，交换双亲染色体上交叉点的右端，生成两个新的后代。例如，对于如下两

个染色体，若随机交叉点选在第 9 位二进制数：

00111010101010111000010011

11010101010101111100010001

则交换双亲上交叉点右端，得到如下两个后代：

00111010 110101111100010001

110101010 **01010111000010011**

交叉操作并不需要针对所有的染色体进行，通常我们设定一个概率 p_c 表示交叉概率，即在规模为 PS 的种群中选择 $p_c \cdot \mathrm{PS}$ 数量的染色体进行交叉。

（3）变异：Mutation（MutationRate，Population）

变异以等于变异率的概率改变一个或几个基因。假设某个基因变异，则若该基因为 0，将其变为 1；若该基因为 1，将其变为 0。

设变异率为 p_m，种群大小为 PS，染色体长度为

$$\sum_{i=1}^{n}(\log_2 m_i + 1)$$

则变异的位数是

$$p_m \cdot \mathrm{PS} \cdot \sum_{i=1}^{n}(\log_2 m_i + 1)$$

在一般的遗传算法中，如果变异概率过小，往往导致种群个体的多样性下降，容易造成算法收敛到非全局最优解；变异概率过大，又会导致盲目的随机搜索，使算法的收敛速度变慢。为避免上述问题，我们采用文献［92］的方法，当种群中一定比例的染色体适应度相同，则引入发生突变的染色体（即随机生成一条染色体），代替种群中原有的一条染色体。

（4）遗传终止：JudgeTerminate（）

通过选择、交叉和变异，我们完成从旧种群向新种群一代进化。持续进行遗传操作，种群得到不断进化。进化的终止条件是：

1）进化达到一定代数：例如，我们要求进化 2 000 代停止进化过程。

2）种群最大适应度已经有很多代没有发生过变化：例如，某种群的最大适应度已经有 1 000 代没有发生过变化，则停止进化。

3）种群最大适应度已经达到预期：例如，种群中某染色体所代表的解决方案的可靠度已经超过预期值，则停止进化。

进化完成后，在最后一代种群中取出适应度最高的染色体，对其进行解码，作为最终问题的解决方案。解决方案确定了每个软件任务的人力资源分配。

6.4　应用案例

我们以三个项目的研发工作为例，三个项目的基本信息如表 4 所示，这里采用以 0 开始的相对时间，时间单位为“天”，所有项目的最早开始时间是 0，而后墙时间分别为 40、30、40，如果项目提前完成，每提前完成 1 天，将有 200 个单位的收益；如果延期，则分别具有不同的延期损失。

表 4　项目基本信息

项目名称	优先级	开始时间	后墙时间	提前收益	延期损失
P_1	1	0	40	200	2 000
P_2	3	0	30	200	500
P_3	2	0	40	200	800

对每个项目进行 WBS 分解后，得到一组实现项目目标的活动 $A_1 \sim A_{13}$，根据前后置关系，获得活动网络图如图 18 所示，其中，圆圈中的数字代表活动的编号。

该实例的可用资源包括 A、B、C、D、E、F、G 等七个资源，其中 A、B、C、D 是执行活动所需要的人力资源，E、F、G 是执行活动所需的设备资源，根据活动的资源需求以及可用资源类型和能力，可得到每个活动的可选资源组合及对应工作量，如表 5 所示。

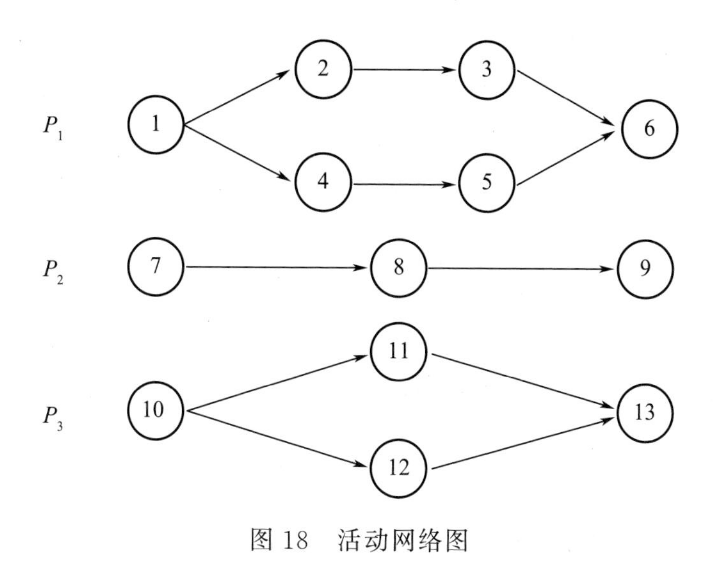

图 18　活动网络图

表 5　活动的可选资源组合及工作量

活动	可选资源组合及工作量
A_1	(AE,10)(ABE,8)(ABCE,6)
A_2	(BE,6)(BCE,4)
A_3	(BCF,5)(CF,8)
A_4	(BF,7)(CF,8)(BCF,5)
A_5	(CF,5)
A_6	(ADG,5)(CDG,6)(ACDG,4)
A_7	(AE,5)(BE,6)(ABE,3)
A_8	(CF,6)
A_9	(DG,4)
A_{10}	(ACE,7)
A_{11}	(AF,9)(BF,10)
A_{12}	(ABG,6)(BG,8)
A_{13}	(BCG,6)

可以看到，活动在执行中可能需要同一资源，一些活动安排不当会导致另外一些活动的延期，进而导致不能满足项目的后墙时

间。文中将满足时间要求的目标作为调度目标，根据调度的约束，并通过遗传算法进行调度，得到多项目的资源调度结果，如图 19 所示。

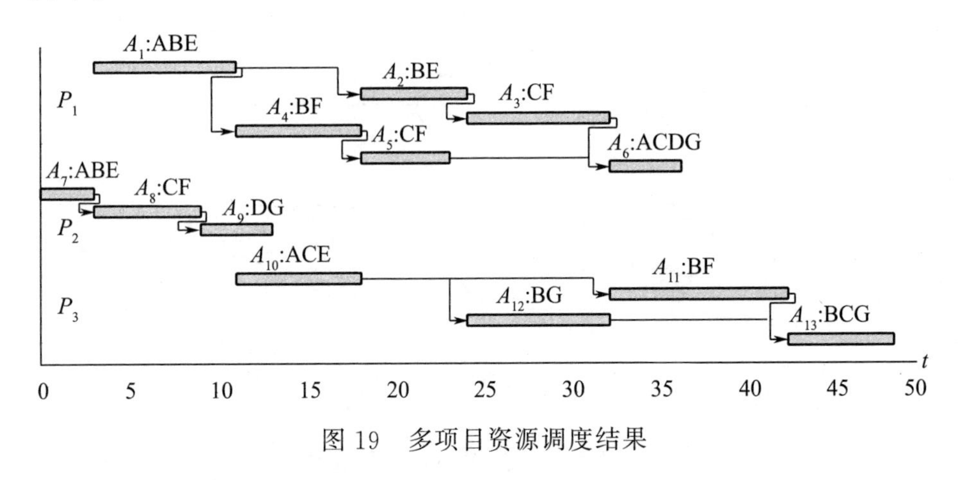

图 19　多项目资源调度结果

上述结果中，虽然 P_2 优先级低，但由于活动 A_7 占用时间短，后续 A_8 和 A_9 与另外两个项目的起始活动不冲突，因此先执行了 A_7。项目 P_1 具有较高优先级，延期损失较大，因此优先满足 P_1 的资源要求。

若项目情况发生变化，导致 P_3 重要程度增加，P_3 的延期损失增加到 5 000/ 天，而 P_1 重要性降低，延期损失降低到 500/ 天，则重新进行调度后得到如图 20 所示的结果。该结果显示，P_3 的完成时间大大提前，使整体损失降低，而为保证 P_3 优先得到资源，P_1 的部分任务不能及时得到资源而比前一个调度延期。

6.5　小结

本章的主要贡献是针对研究院所航天型号多项目并举的情况，依据可靠性、进度、成本等方面的约束条件，给出多项目人力资源调度的价值函数、多项目人力资源优化调度的数学描述以及多项目人力资源优化调度算法，包括遗传算法的编码、解码、适应度函数

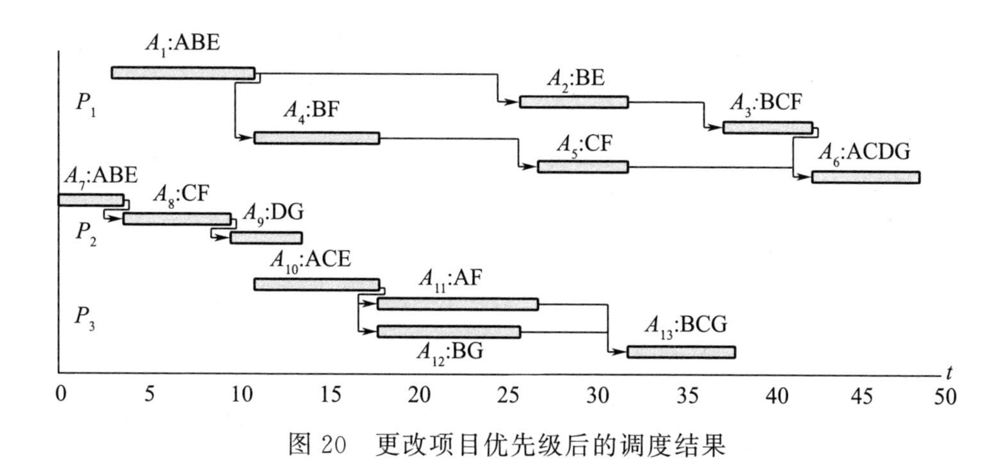

图 20　更改项目优先级后的调度结果

及遗传操作，并结合具体实例给出优化调度结果。本章工作还有待进一步完善。比如，遗传算法在实际应用中有可能陷入局部最优，需要对参数进行合理的设置。同时，可以结合其他优化算法，如启发式算法等加快算法的收敛速度。本书重点解决实际应用领域的调度问题，对算法本身优化不做重点考虑。

第 7 章　仿真实例分析与验证

本章给出航天型号任务可靠性分配模型、人力资源配置调度模型、型号任务可靠性分配与人力资源关系模型与多项目人力资源调度算法的整体关系描述，利用任务原型系统进行仿真，验证系统整体结构图。

基于某航天型号任务背景，介绍承制院所的人力资源，并以一个具体的任务分解与资源调度过程为例，介绍本书提出的优化算法的具体使用过程和效果。

在任务可靠性分配、人力资源调度、算法优化等研究工作的基础上，我们进一步通过实例仿真给出可靠性约束条件下几组人力资源调度方案。

7.1　型号任务可靠性分配与人力资源调度仿真系统结构

建立仿真实验原型系统是为了验证第 3 章、第 4 章、第 5 章和第 6 章的研究成果。

仿真实验原型系统工作机理：仿真实验原型系统工作过程中除了涉及三个模型和一个优化调度算法以外，还涉及假定的两部分输入。一部分是型号任务人力资源部门利用“人力资源模型”建立起来的“人力资源库”，另一部分是型号任务总体技术部门利用“可靠性分配分解模型”建立起来的“任务可靠性分配及任务信息数据库”。这两部分输入两大类信息：一类是××任务一批软件任务人力资源描述表和人力资源综合信息描述表；二类是××任务一批软件任务可靠性定级要求和软件活动需要的任务资源信息。仿真原型系统获取这两大类、四组信息后，利用创建的“型号任务可靠性分配与人力资源关系模型”进行定性、定量分析与计算，建立一批软件研发“活动-资源-工作量-可靠性映射表”。多项目人力资源优化调度模块读取这批“映射表”信息，利用遗传算法进行编码计算，最后给出人力资源配置的几种可行解（配置方案如图 26～图 28 所示），且进行分析比较，如图 21 所示。

7.2　软件任务执行流程及主要活动内容

我们将某科研院所某型号任务软件安全可靠性需求进行分级后，根据型号任务大总体要求限定软件任务研制技术流程，以及流程中各关键节点、关键过程域。制定研制功能基线、分配基线、开发配置和产品基线主要活动内容。

型号软件任务执行流程如图 22 所示，软件任务执行主要活动内容如图 23 所示。

7.3　原型系统

基于本书前面所述的多项目人力资源优化调度方法，我们开发了相应的原型系统，以支持调度方法的实现。图 24 是原型系统的静态结构，包括主要的类。

7.3.1　系统主要类的描述

1）SoftwareTask：描述了软件任务的相关属性和操作，它包括若干 Activity，每个 Activity 包括若干资源需求 ResourceRequest；

2）HumanResource：描述了人力资源的相关属性和操作，它包含能力属性和可用性属性，其中能力包括 Experience 的描述，可用性包括 AvailabilityTime 和 WorkingContent 的描述；

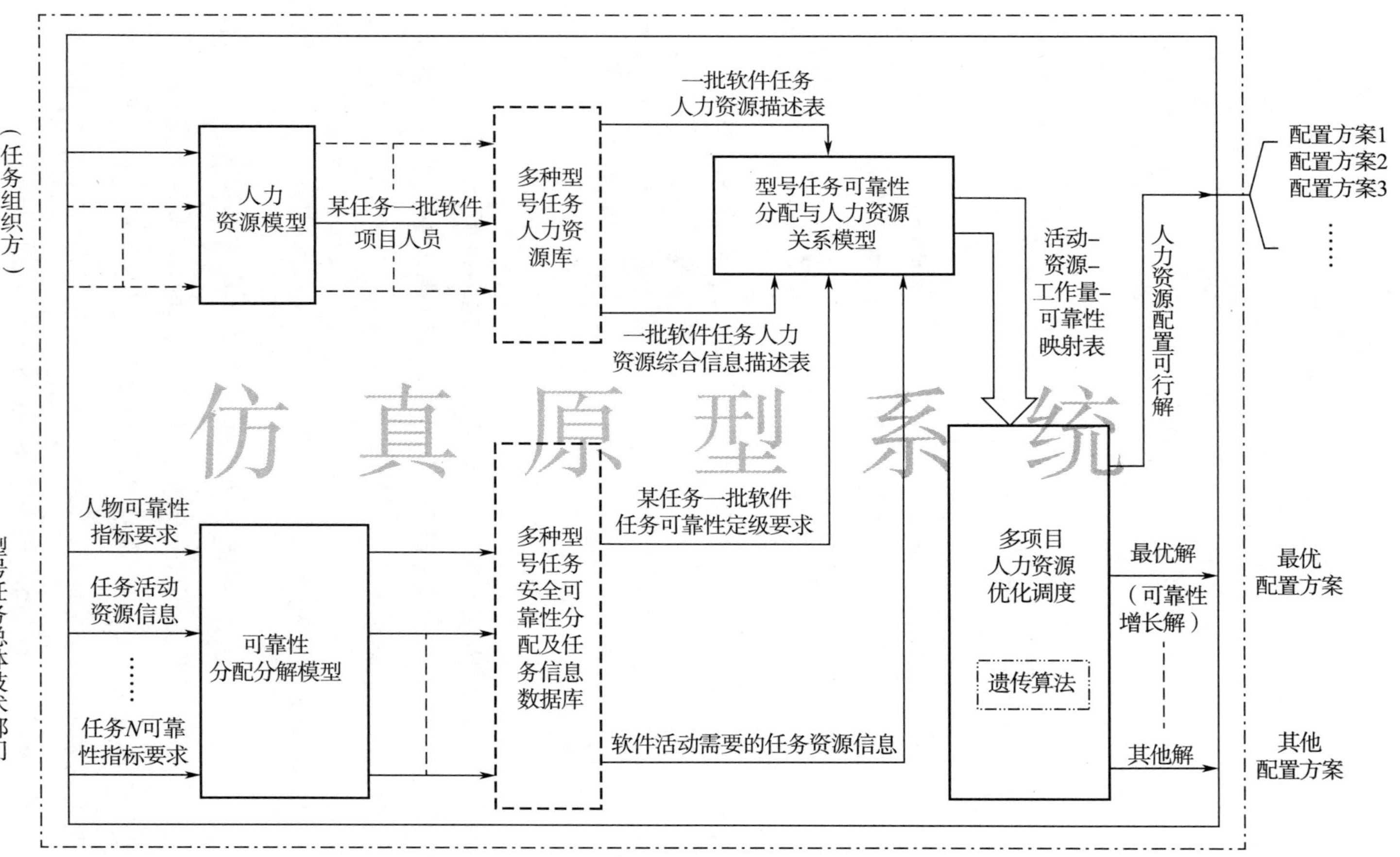
研究院所人力资源部门（任务组织方）
型号任务总体技术部门
人力资源模型
某任务一批软件
项目人员
多种型号任务人力资源库
一批软件任务人力资源描述表
一批软件任务人力资源综合信息描述表
型号任务可靠性分配与人力资源关系模型
活动–资源–工作量–可靠性映射表
人力资源配置可行解
配置方案1
配置方案2
配置方案3
……
仿真原型系统
人物可靠性指标要求
任务活动资源信息
……
任务N可靠性指标要求
可靠性分配分解模型
多种型号任务安全可靠性分配及任务信息数据库
某任务一批软件任务可靠性定级要求
软件活动需要的任务资源信息
多项目人力资源优化调度
遗传算法
最优解（可靠性增长解）
其他解
最优配置方案
其他配置方案

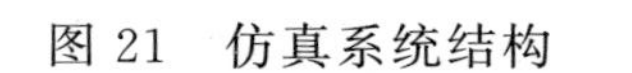
图 21　仿真系统结构

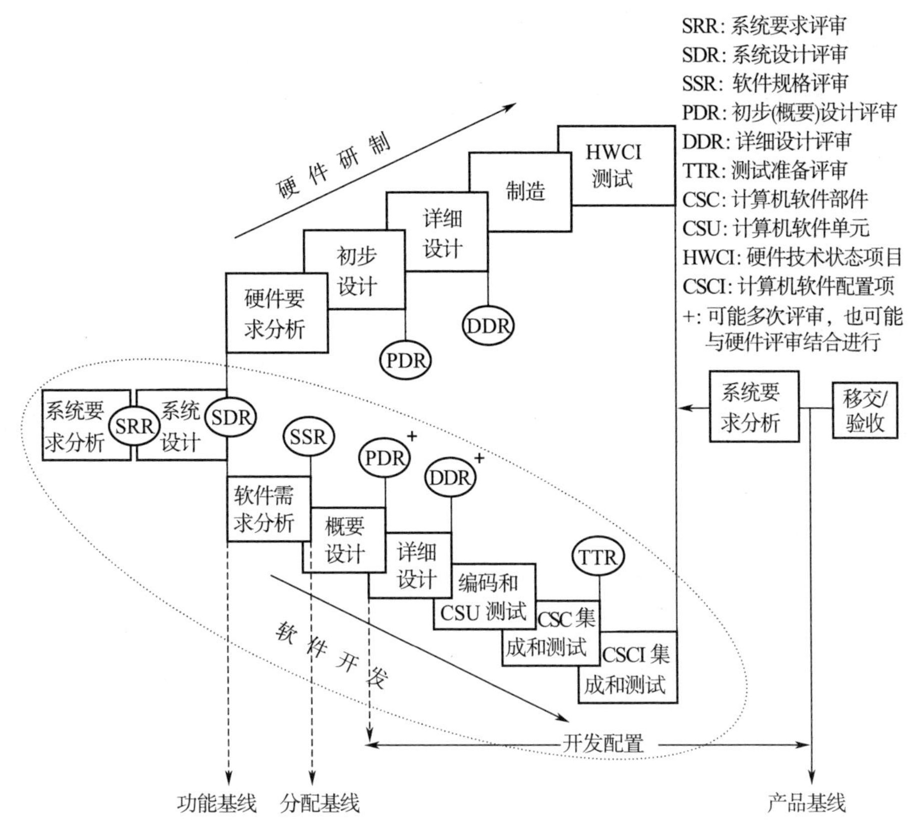

图 22　型号软件任务执行流程

3）ActivityResourceMap：是人力资源和活动之间的映射，它基于软件任务和人力资源的描述，为每个活动生成相应的映射；

4）GeneticAlgorithm：是遗传算法的实现，聚合了染色体 Chromosome 类；

5）ResourceScheduler：是调度算法的实现。

7.3.2　系统输入描述

1）软件任务的描述：包括每个软件任务的开始时间、结束时间；软件任务的安全可靠性要求；软件任务提前完成的收益及延期完成的损失；

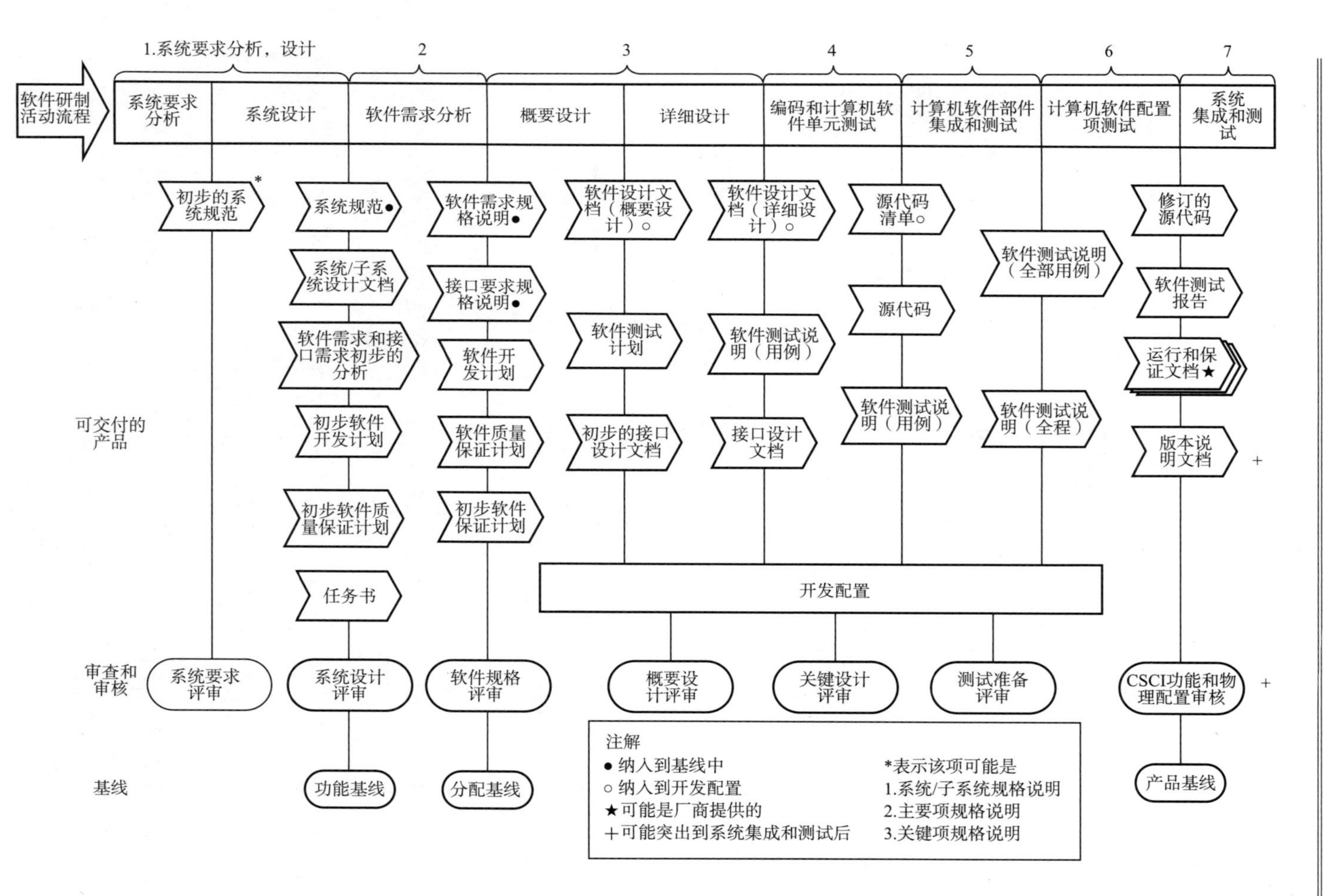

图 23　软件任务执行主要活动内容

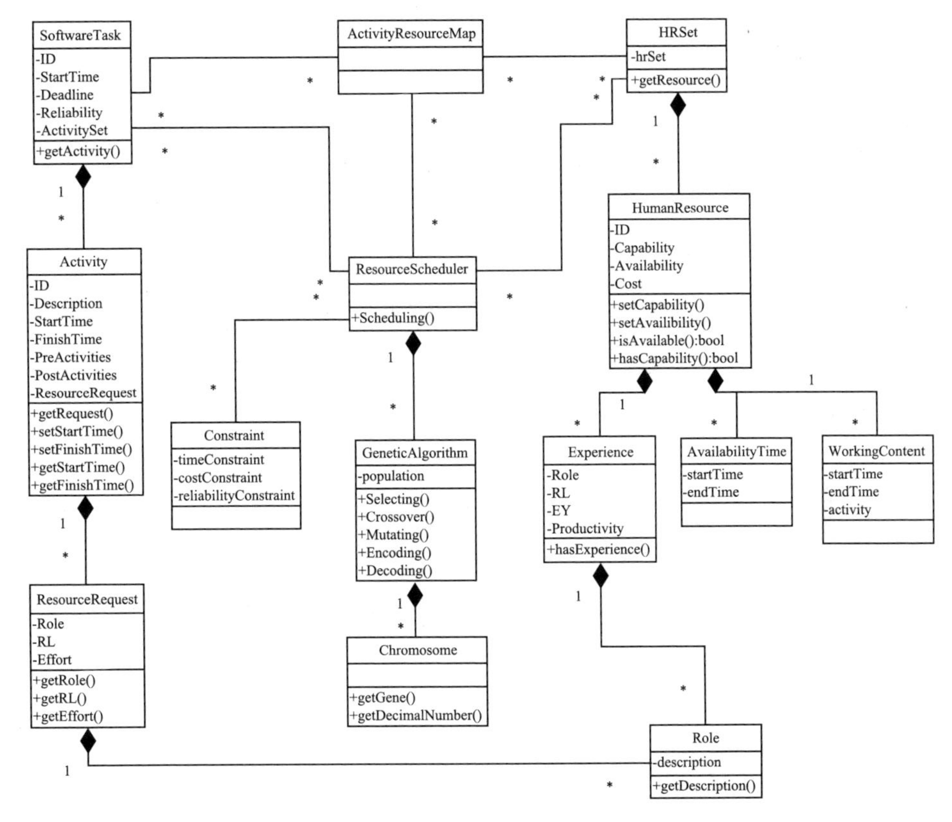

图 24　系统类图

2）软件任务的活动描述：包括每个软件任务的每个活动描述；每个活动的开始时间、结束时间；每个活动的前置活动、后置活动；

3）活动的资源需求：包括执行每个活动所需的角色；活动的安全可靠性要求；执行活动所需的工作量；

4）人力资源的描述：包括人力资源的角色、开发具有一定安全可靠性等级软件的经验、具有相应经验的年限、生产率；

5）执行每个活动的最大人力资源数量（通过调度给出最合适的数量）；

6）遗传算法的参数设置：包括种群规模、染色体变异率、染色体交叉率、优先级基因长度、最大遗传代数。

7.3.3 人力资源优化调度

原型系统利用上述输入，基于遗传算法进行人力资源优化调度：

1）利用软件任务、活动、活动的资源需求描述和人力资源描述，为每个活动确定执行活动的人力资源。根据执行活动的人力资源及执行活动的最大人力资源数量，生成能够执行活动的所有人力资源组合。

2）利用活动、人力资源组合以及优先级基因长度，建立染色体结构。

3）根据种群规模及染色体结构，生成初始种群。

4）执行遗传算法：根据第6章给出的遗传算法，通过选择、交叉、变异等遗传操作执行遗传算法。

5）遗传算法结束后，在最后一代种群中取得适应度最大的染色体，通过解码生成优化调度方案，完成人力资源的优化调度。

7.3.4 原型系统输出

人力资源优化调度完成后，原型系统输出内容包括：

1）软件任务的开始时间和结束时间；

2）每个活动的开始时间和结束时间、为每个活动分配的人力资源；

3）人力资源在每个活动上投入的工作量；

4）在遗传算法运算过程中，每一代种群各染色体基于软件任务完成时间计算所有软件任务总价值的最大值。

7.4 软件任务背景需求及资源描述

某科研院所承担多种型号项目，该院所人事部门数据显示：系统总师 1 人，副总师 5 人（包括软件总师 1 人、试验任务总师等），计划管理员 10 人，质量工程师 15 人，配制管理员 5 人，他们可以同时承担不同的航天型号任务，但角色都应是本职工作；各分系统、子系统从事型号软件任务研制，不同工程背景、不同能力水平的角色有：系统分析员 12 人，软件工程师 25 人，程序员 30 人，软件测试工程师 15 人，共计 82 人。他们可以在不同安全可靠性关键级别、不同规模的软件任务中承担不同的角色，各软件任务角色可以交叉使用；每年型号任务有 6 个，软件任务 25 个，其中关键 A 级 2 个（规模：A 级 1 个，B 级 1 个），关键 B 级 5 个（规模均为 C 级），关键 C 级 6 个（规模均为 C 级），关键 D 级 4 个（规模均为 B 级）。问题是：如何将这 82 人进行描述，并根据人力资源能力描述评价，针对 25 个不同的软件任务需求、不同的软件安全可靠性关键级别需求、研制规模需求进行人力资源配置，实现人力资源配置最优（或得到人力资源的最优解，或得到人力资源的可行解），满足航天型号任务串并联任务组织角色需求。

仿真实验：假设该科研院所近年来承担了多个型号任务，某型号任务分配了 6 个软件任务，研发周期为 1 年，其基本属性描述如表 6 所示。本书设软件研制时间以天为单位，用整数表示；6 个软件任务的开始时间都是 0，结束时间都为 365；其中，ST1 和 ST2 是安全可靠性等级为 A 的软件任务，ST3 和 ST4 是安全可靠性等级为 B 的软件任务，ST5 和 ST6 分别是安全可靠性等级为 C 和 D 的软件任务。对于上述软件任务，如能提前完成可获得一定收益（这是因为有利于保证型号任务的完成，所以有奖励，这里以收益表示），而延期完成会带来很大损失（即有惩罚）。这里，我们初始假设每个软件任务提前结束的收益是 2 000/天，延期结束的损失是 20 000/天，这里的收益和损失不设定具体单位。

表 6　基本属性描述

任务名称	可靠性	开始时间	结束时间	提前结束收益	延期结束损失
ST1	A	0	365	2 000/天	20 000/天
ST2	A	0	365	2 000/天	20 000/天
ST3	B	0	365	2 000/天	20 000/天
ST4	B	0	365	2 000/天	20 000/天
ST5	C	0	365	2 000/天	20 000/天
ST6	D	0	365	2 000/天	20 000/天

根据型号任务开发规范，软件任务主要包括了系统需求分析设计、软件需求分析、概要及详细设计、编码与单元测试、部件集成与测试、软件配置项测试、系统集成与测试等 7 种活动，每种活动属性的描述如表 7 所示。每种活动由该表中的活动加上任务编号表示。活动初始的起止时间设为项目的起止时间，各个活动之间是顺序关系。

表 7　活动属性描述

活动名称	描述	开始时间	结束时间	前置活动	后置活动
SystemRA	系统需求分析设计	0	365	—	SoftwareRA
SoftwareRA	软件需求分析	0	365	SystemRA	Design
Design	概要及详细设计	0	365	SoftwareRA	Coding
Coding	编码与单元测试	0	365	Design	SoftTesting
SoftTesting	部件集成与测试	0	365	Coding	CSCITesting
CSCITesting	软件配置项测试	0	365	SoftTesting	Integrating
Integrating	系统集成与测试	0	365	CSCITesting	—

上述活动的资源需求如表 8 所示，其中，安全可靠性等级要求需与项目的安全可靠性等级要求相同，活动能力以工作量来量化，以“人日”为单位。在活动所需要的角色描述中，每个活动同时需要多个角色的参与。其中，科研院所只有一位系统总师和一位软件总师，他们同时在多个软件任务中承担工作，因此不需要在调度问题中考虑。以粗体和下划线字体表示的角色是执行活动的主要角

色，其他角色是辅助角色。本书假定辅助角色参与活动投入工作量较少，不需要在资源调度中考虑辅助角色的工作。因此，活动 SystemRA 仅考虑系统分析员，活动 SoftwareRA 仅考虑系统分析员、软件工程师，活动 Design 仅考虑系统分析员、软件工程师，活动 Coding 仅考虑程序员，活动 SoftTesting 仅考虑软件测试工程师，活动 CSCITesting 仅考虑软件测试工程师，活动 Integrating 仅考虑系统分析员、软件测试工程师。

表8　活动的资源需求描述

活动名称	角色(下划线内容为主要角色)	可靠性要求	工作量(人日)
SystemRA	**系统总师、软件总师、系统分析员**、软件工程师、软件测试工程师、质量工程师、计划管理员	与项目相同	90
SoftwareRA	**系统分析员、软件工程师**、软件测试工程师、程序员、质量工程师、计划管理员、配置管理员	与项目相同	60
Design	**系统分析员、软件工程师**、软件测试工程师、程序员、质量工程师、计划管理员、配置管理员	与项目相同	120
Coding	**程序员**、软件测试工程师、质量工程师、计划管理员、配置管理员、软件工程师	与项目相同	90
SoftTesting	**软件测试工程师**、软件工程师、程序员、质量工程师、计划管理员、配置管理员	与项目相同	30
CSCITesting	**软件测试工程师**、系统分析员、软件工程师、程序员、质量工程师、计划管理员、配置管理员	与项目相同	35
Integrating	**系统总师、软件总师、系统分析员、软件测试工程师**、软件工程师、质量工程师、计划管理员、配置管理员	与项目相同	60

在调度中，本书遵循型号任务中要求的“软件工程三分离取两分离原则”，即1）同一个项目中，编码和测试不能是同一个人；2）同一个项目中，设计和编码也不能是同一个人。此外，还需要

满足以下约束：1）系统分析员在活动 SystemRA、SoftwareRA、Design、Integrating 中是同一个人；2）除了系统总师和软件总师，活动 SoftwareRA、Design、Integrating 的主要角色最多可以分配两个人，其他活动的主要角色最多分配一个人。因此，可供该软件任务调用的人力资源描述如表 9 所示。

表 9　人力资源描述

编号	角色	可靠性级别	经验年限	生产率
SYSTEM_ANALYST1	系统分析员、软件工程师、软件测试工程师	A	4	2
SYSTEM_ANALYST2	系统分析员、软件工程师、软件测试工程师	A	3	1.5
SYSTEM_ANALYST3	系统分析员、软件工程师、软件测试工程师	A	3	1
SYSTEM_ANALYST4	系统分析员、软件工程师、软件测试工程师	B	2	2
SYSTEM_ANALYST5	系统分析员、软件工程师、软件测试工程师	B	2	1.5
SYSTEM_ANALYST6	系统分析员、软件工程师、软件测试工程师	B	1	1
SOFTWARE_ENGINEER1	软件工程师、软件测试工程师	A	4	2
SOFTWARE_ENGINEER2	软件工程师、软件测试工程师	A	4	1
SOFTWARE_ENGINEER3	软件工程师、软件测试工程师	B	3	2
SOFTWARE_ENGINEER4	软件工程师、软件测试工程师	B	3	1
SOFTWARE_ENGINEER5	软件工程师、软件测试工程师	C	2	2
SOFTWARE_ENGINEER6	软件工程师、软件测试工程师	C	2	1
PROGRAMMER1	程序员	A	4	2
PROGRAMMER2	程序员	A	4	1
PROGRAMMER3	程序员	B	3	2
PROGRAMMER4	程序员	B	3	1
PROGRAMMER5	程序员	C	2	2

续表

编号	角色	可靠性级别	经验年限	生产率
PROGRAMMER6	程序员	C	2	1
SOFTWARE_TESTER1	软件测试工程师	A	4	2
SOFTWARE_TESTER2	软件测试工程师	A	4	1
SOFTWARE_TESTER3	软件测试工程师	B	3	2
SOFTWARE_TESTER4	软件测试工程师	B	3	1
SOFTWARE_TESTER5	软件测试工程师	C	2	2
SOFTWARE_TESTER6	软件测试工程师	C	2	1

根据活动的安全可靠性要求和人力资源具有的安全可靠性经验，假设活动仅需要具有安全可靠性D级的人力资源，则具有执行活动能力的备选资源列举如表10所示。若活动需要其他级别的人力资源，则不满足安全可靠性等级要求的人力资源不作为活动的备选资源。当活动仅需要一个人力资源时，每个备选资源即是活动的备选资源组合，活动执行时间是活动工作量除以所选择的人力资源的生产率。若活动最多需要两个资源，则活动的备选资源组合是在备选资源中选择一个资源或两个资源的所有组合，活动执行时间是活动工作量除以组合中所有人力资源的生产率之和。

表10 活动的备选资源

活动	备选资源
SystemRA	SYSTEM_ANALYST1；SYSTEM_ANALYST2；SYSTEM_ANALYST3；SYSTEM_ANALYST4；SYSTEM_ANALYST5；SYSTEM_ANALYST6
SoftwareRA	SYSTEM_ANALYST1；SYSTEM_ANALYST2；SYSTEM_ANALYST3；SYSTEM_ANALYST4；SYSTEM_ANALYST5；SYSTEM_ANALYST6；SOFTWARE_ENGINEER1；SOFTWARE_ENGINEER2；SOFTWARE_ENGINEER3；SOFTWARE_ENGINEER4；SOFTWARE_ENGINEER5；SOFTWARE_ENGINEER6

续表

活动	备选资源
Design	SYSTEM_ANALYST1; SYSTEM_ANALYST2; SYSTEM_ANALYST3; SYSTEM_ANALYST4; SYSTEM_ANALYST5; SYSTEM_ANALYST6; SOFTWARE_ENGINEER1; SOFTWARE_ENGINEER2; SOFTWARE_ENGINEER3; SOFTWARE_ENGINEER4; SOFTWARE_ENGINEER5; SOFTWARE_ENGINEER6
Coding	PROGRAMMER1; PROGRAMMER2; PROGRAMMER3; PROGRAMMER4; PROGRAMMER5; PROGRAMMER6
SoftTesting	SYSTEM_ANALYST1; SYSTEM_ANALYST2; SYSTEM_ANALYST3; SYSTEM_ANALYST4; SYSTEM_ANALYST5; SYSTEM_ANALYST6; SOFTWARE_ENGINEER1; SOFTWARE_ENGINEER2; SOFTWARE_ENGINEER3; SOFTWARE_ENGINEER4; SOFTWARE_ENGINEER5; SOFTWARE_ENGINEER6; SOFTWARE_TESTER1; SOFTWARE_TESTER2; SOFTWARE_TESTER3; SOFTWARE_TESTER4; SOFTWARE_TESTER5; SOFTWARE_TESTER6;
CSCITesting	SYSTEM_ANALYST1; SYSTEM_ANALYST2; SYSTEM_ANALYST3; SYSTEM_ANALYST4; SYSTEM_ANALYST5; SYSTEM_ANALYST6; SOFTWARE_ENGINEER1; SOFTWARE_ENGINEER2; SOFTWARE_ENGINEER3; SOFTWARE_ENGINEER4; SOFTWARE_ENGINEER5; SOFTWARE_ENGINEER6; SOFTWARE_TESTER1; SOFTWARE_TESTER2; SOFTWARE_TESTER3; SOFTWARE_TESTER4; SOFTWARE_TESTER5; SOFTWARE_TESTER6
Integrating	SYSTEM_ANALYST1; SYSTEM_ANALYST2; SYSTEM_ANALYST3; SYSTEM_ANALYST4; SYSTEM_ANALYST5; SYSTEM_ANALYST6; SOFTWARE_ENGINEER1; SOFTWARE_ENGINEER2; SOFTWARE_ENGINEER3; SOFTWARE_ENGINEER4; SOFTWARE_ENGINEER5; SOFTWARE_ENGINEER6; SOFTWARE_TESTER1; SOFTWARE_TESTER2; SOFTWARE_TESTER3; SOFTWARE_TESTER4; SOFTWARE_TESTER5; SOFTWARE_TESTER6

7.5　算法参数设置及调度结果

本书接下来的内容通过对调度问题设置不同的备选人力资源，获取不同人力资源情况下的资源优化调度结果，比较分析这些结果，说明多项目人力资源优化调度方法在优化调度方案的生成、确定最少人力资源数量等方面的作用，从而说明本书所提出方法的有效性。这些实验都是在本书开发原型系统中进行的。

运行基于遗传算法的人力资源调度算法时，首先要设定遗传算法的参数。本书对遗传算法参数做如下经验设置：

1）种群规模：200

2）染色体变异率：0.01

3）染色体交叉率：0.7

4）优先级基因长度：4

5）最大遗传代数：500

算法运行中，随着进化代数的增加，所获得的价值逐渐增大。图 25 是某次运行调度算法得到的价值随着进化代数的变化，调度方案的价值在进化过程中逐渐升高。

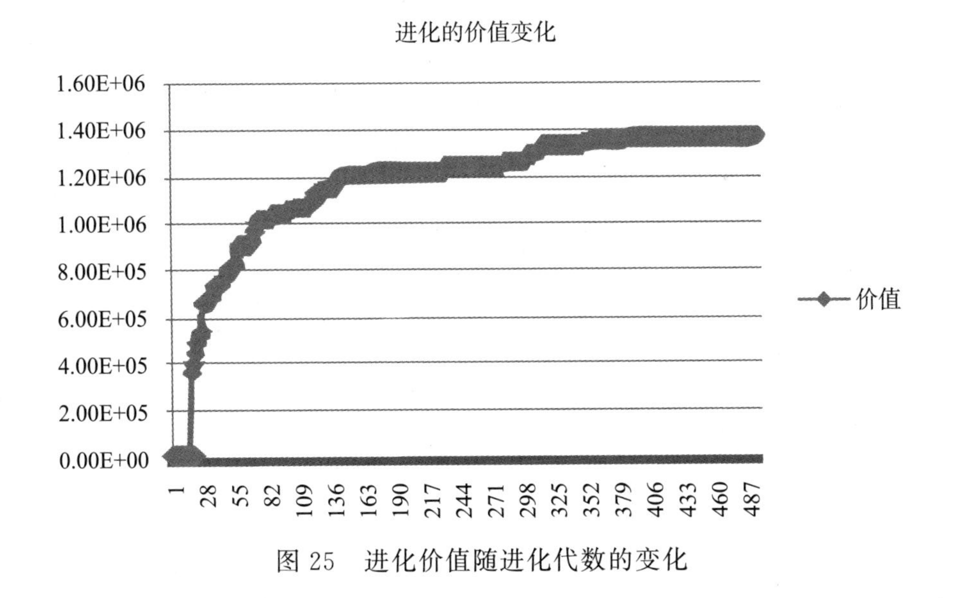

图 25　进化价值随进化代数的变化

根据 7.4 节给定的资源和初始属性，获得如图 26 所示的优化分配方案。为了节省空间，采用 SA 代表系统分析员，采用 SE 代表软件工程师，PR 代表程序员，ST 代表软件测试工程师。

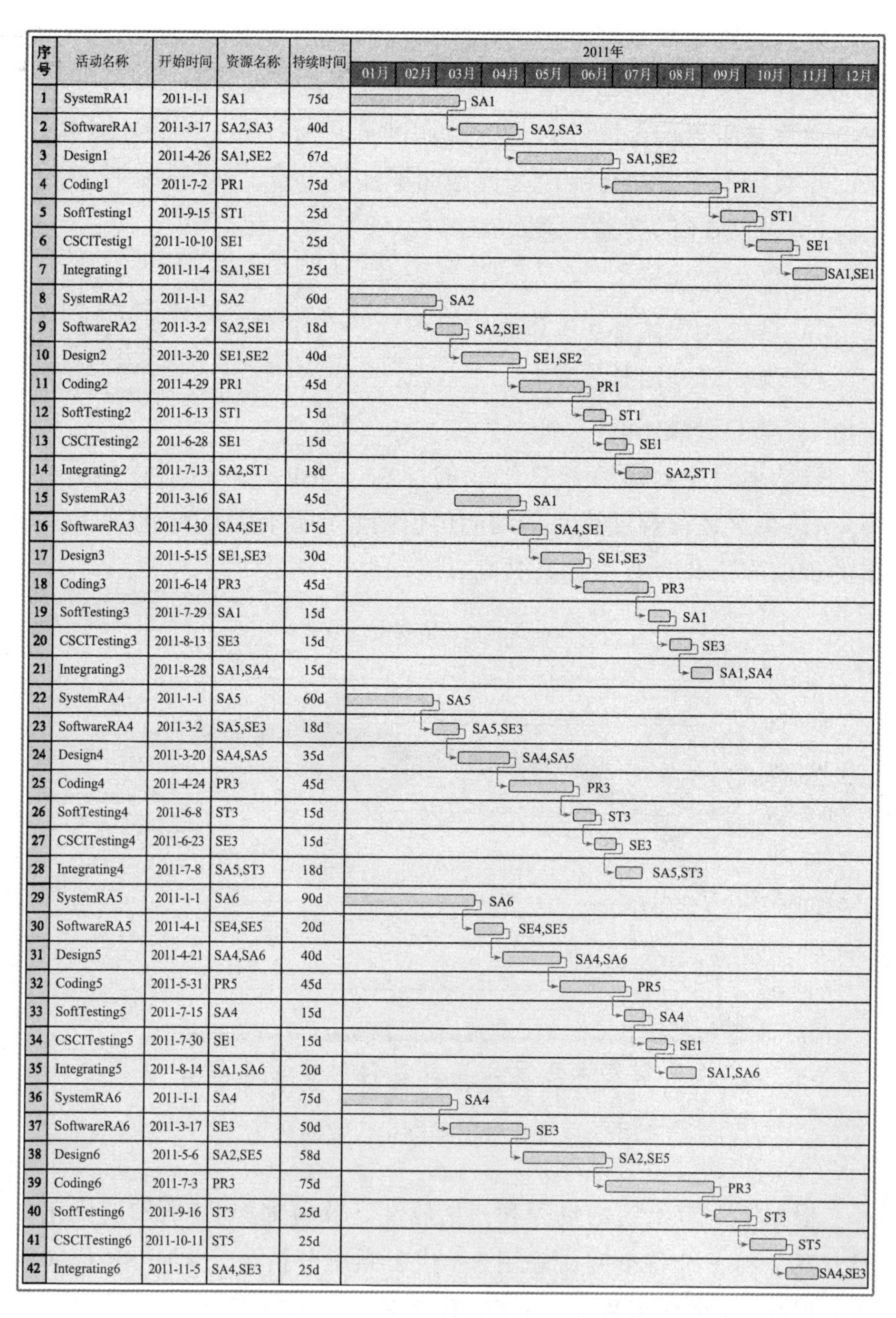

序号	活动名称	开始时间	资源名称	持续时间
1	SystemRA1	2011-1-1	SA1	75d
2	SoftwareRA1	2011-3-17	SA2,SA3	40d
3	Design1	2011-4-26	SA1,SE2	67d
4	Coding1	2011-7-2	PR1	75d
5	SoftTesting1	2011-9-15	ST1	25d
6	CSCITestig1	2011-10-10	SE1	25d
7	Integrating1	2011-11-4	SA1,SE1	25d
8	SystemRA2	2011-1-1	SA2	60d
9	SoftwareRA2	2011-3-2	SA2,SE1	18d
10	Design2	2011-3-20	SE1,SE2	40d
11	Coding2	2011-4-29	PR1	45d
12	SoftTesting2	2011-6-13	ST1	15d
13	CSCITesting2	2011-6-28	SE1	15d
14	Integrating2	2011-7-13	SA2,ST1	18d
15	SystemRA3	2011-3-16	SA1	45d
16	SoftwareRA3	2011-4-30	SA4,SE1	15d
17	Design3	2011-5-15	SE1,SE3	30d
18	Coding3	2011-6-14	PR3	45d
19	SoftTesting3	2011-7-29	SA1	15d
20	CSCITesting3	2011-8-13	SE3	15d
21	Integrating3	2011-8-28	SA1,SA4	15d
22	SystemRA4	2011-1-1	SA5	60d
23	SoftwareRA4	2011-3-2	SA5,SE3	18d
24	Design4	2011-3-20	SA4,SA5	35d
25	Coding4	2011-4-24	PR3	45d
26	SoftTesting4	2011-6-8	ST3	15d
27	CSCITesting4	2011-6-23	SE3	15d
28	Integrating4	2011-7-8	SA5,ST3	18d
29	SystemRA5	2011-1-1	SA6	90d
30	SoftwareRA5	2011-4-1	SE4,SE5	20d
31	Design5	2011-4-21	SA4,SA6	40d
32	Coding5	2011-5-31	PR5	45d
33	SoftTesting5	2011-7-15	SA4	15d
34	CSCITesting5	2011-7-30	SE1	15d
35	Integrating5	2011-8-14	SA1,SA6	20d
36	SystemRA6	2011-1-1	SA4	75d
37	SoftwareRA6	2011-3-17	SE3	50d
38	Design6	2011-5-6	SA2,SE5	58d
39	Coding6	2011-7-3	PR3	75d
40	SoftTesting6	2011-9-16	ST3	25d
41	CSCITesting6	2011-10-11	ST5	25d
42	Integrating6	2011-11-5	SA4,SE3	25d

图 26　人力资源优化分配结果

该优化调度方案具有如下特点：

1）执行软件任务活动的人力资源满足安全可靠性要求。执行软件任务 ST1 和 ST2 的所有人力资源都具有 A 级软件的开发经验；执行软件任务 ST3 和 ST4 的所有人力资源具有 A 级或 B 级的开发经验；执行软件任务 ST5 或 ST6 的所有人力资源具有 A 级、B 级或 C 级的开发经验。

2）软件任务的开始时间和结束时间满足时间约束，即都在 0 到 365 之间。

3）每个软件任务的“系统需求分析设计”和“系统集成与测试”活动，包含相同的系统分析员。

4）人力资源优化调度在满足可靠性要求外，需通过进度提前获得更高的价值，因此，人力资源的调度结果使各软件任务的进度尽可能提前。

7.6　资源确定方法

软件任务开发中，需要根据任务数量、工作量等因素确定合适数量的人力资源，通常希望以最节省人力资源的方式满足软件任务安全可靠性等级和进度等方面的要求。为达到该目的，需做如下工作：

1）根据软件任务的活动、工作量、可用人力资源等，采用 7.3 节的方式生成人力资源优化调度方案

2）分析生成的调度方案每个软件任务的结束时间与软件任务进度要求之间的不同；若结束时间比进度要求有较大提前，则分析提前量和某个具体活动所需工作量的大小；若提前量大于某活动所需工作量，则可以减少执行该活动的人力资源的数量，即减少的人力资源可通过延长执行活动的执行时间而获得。

3）分析所生成的调度方案中，某人力资源是否可以在执行某活动时被其他人力资源替换，即某人力资源分配到某个活动上，有

其他人力资源在该活动执行的时间段处于闲置状态，并且同时具有执行该活动的能力。

4）在进行上述分析后，列举所有可能减少的人力资源，然后从这些人力资源中逐步选择若干人力资源，将这些人力资源从可用人力资源集合中删除，重新执行优化调度；如果得到的优化调度方案仍能满足可靠性、进度等方面的要求，则删除的人力资源就是当前可以节省的人力资源。

5）如图 26 给出的调度方案，经过分析可知，软件工程师 SOFTWARE_ENGINEER4 和 SOFTWARE_ENGINEER6 没有在方案中分配工作；程序员 PROGRAMMER2、PROGRAMMER4、PROGRAMMER6 没有在方案中分配工作；测试工程师 SOFTWARE_TESTER2、SOFTWARE_TESTER4、SOFTWARE_TESTER5、SOFTWARE_TESTER6 未在方案中分配工作。此外，很多人力资源具有测试角色，因此，我们移除 SOFTWARE_ENGINEER4、SOFTWARE_ENGINEER6、PROGRAMMER2、PROGRAMMER4、PROGRAMMER6、SOFTWARE_TESTER2、SOFTWARE_TESTER4、SOFTWARE_TESTER5、SOFTWARE_TESTER6 后，重新执行人力资源优化调度算法，所得调度结果如图 27 所示。

从结果可知，减少资源并未影响调度结果，几个软件任务仍然有较多的空闲时间，因此，我们在此基础上进一步移除 SOFTWARE_ENGINEER5，重新执行人力资源优化调度算法，所得调度结果如图 28 所示。

当人力资源进一步移除后，如移除了如下三个人力资源：SYSTEM_ANALYST6、SOFTWARE_ENGINEER2、SOFTWARE_TESTER2，得到的调度方案中有两个延期，因此不能作为满足要求的解决方案。通过这种方式，在实际应用中，我们可以根据紧缺的资源，逐步进行调整。

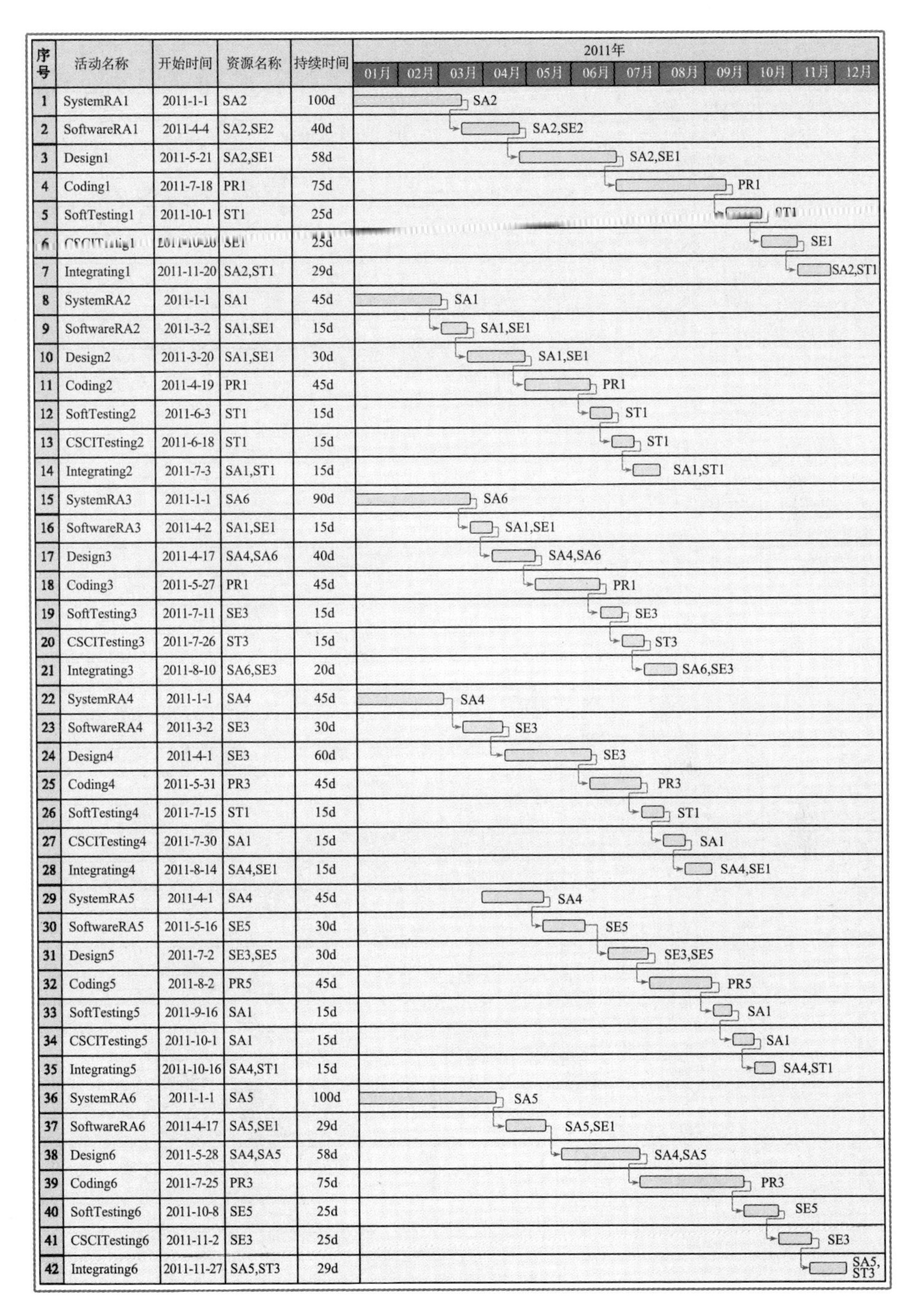

序号	活动名称	开始时间	资源名称	持续时间
1	SystemRA1	2011-1-1	SA2	100d
2	SoftwareRA1	2011-4-4	SA2,SE2	40d
3	Design1	2011-5-21	SA2,SE1	58d
4	Coding1	2011-7-18	PR1	75d
5	SoftTesting1	2011-10-1	ST1	25d
6	CSCITesting1	2011-10-26	SE1	25d
7	Integrating1	2011-11-20	SA2,ST1	29d
8	SystemRA2	2011-1-1	SA1	45d
9	SoftwareRA2	2011-3-2	SA1,SE1	15d
10	Design2	2011-3-20	SA1,SE1	30d
11	Coding2	2011-4-19	PR1	45d
12	SoftTesting2	2011-6-3	ST1	15d
13	CSCITesting2	2011-6-18	ST1	15d
14	Integrating2	2011-7-3	SA1,ST1	15d
15	SystemRA3	2011-1-1	SA6	90d
16	SoftwareRA3	2011-4-2	SA1,SE1	15d
17	Design3	2011-4-17	SA4,SA6	40d
18	Coding3	2011-5-27	PR1	45d
19	SoftTesting3	2011-7-11	SE3	15d
20	CSCITesting3	2011-7-26	ST3	15d
21	Integrating3	2011-8-10	SA6,SE3	20d
22	SystemRA4	2011-1-1	SA4	45d
23	SoftwareRA4	2011-3-2	SE3	30d
24	Design4	2011-4-1	SE3	60d
25	Coding4	2011-5-31	PR3	45d
26	SoftTesting4	2011-7-15	ST1	15d
27	CSCITesting4	2011-7-30	SA1	15d
28	Integrating4	2011-8-14	SA4,SE1	15d
29	SystemRA5	2011-4-1	SA4	45d
30	SoftwareRA5	2011-5-16	SE5	30d
31	Design5	2011-7-2	SE3,SE5	30d
32	Coding5	2011-8-2	PR5	45d
33	SoftTesting5	2011-9-16	SA1	15d
34	CSCITesting5	2011-10-1	SA1	15d
35	Integrating5	2011-10-16	SA4,ST1	15d
36	SystemRA6	2011-1-1	SA5	100d
37	SoftwareRA6	2011-4-17	SA5,SE1	29d
38	Design6	2011-5-28	SA4,SA5	58d
39	Coding6	2011-7-25	PR3	75d
40	SoftTesting6	2011-10-8	SE5	25d
41	CSCITesting6	2011-11-2	SE3	25d
42	Integrating6	2011-11-27	SA5,ST3	29d

图 27　移除部分人力资源后的优化调度结果

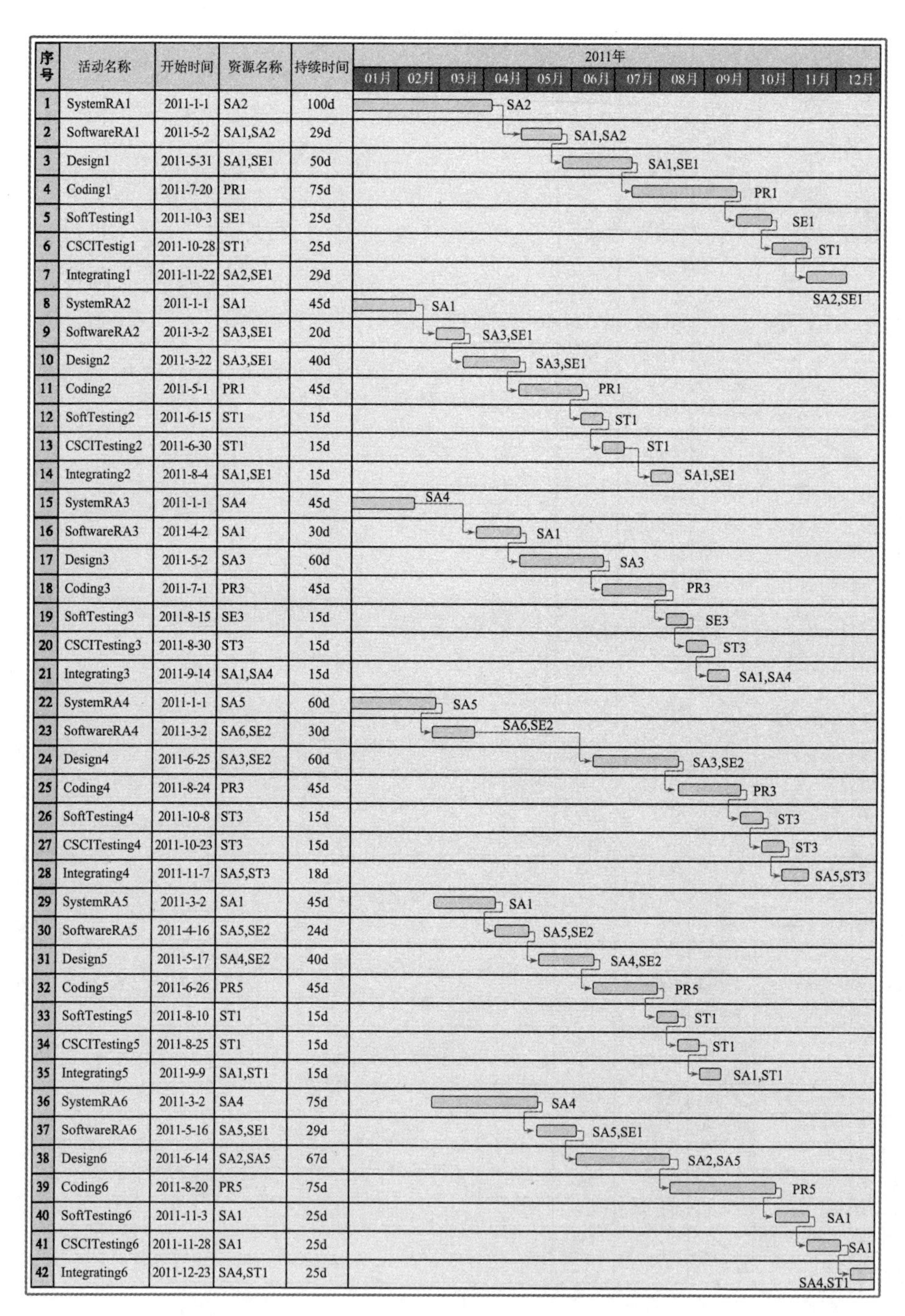

序号	活动名称	开始时间	资源名称	持续时间
1	SystemRA1	2011-1-1	SA2	100d
2	SoftwareRA1	2011-5-2	SA1,SA2	29d
3	Design1	2011-5-31	SA1,SE1	50d
4	Coding1	2011-7-20	PR1	75d
5	SoftTesting1	2011-10-3	SE1	25d
6	CSCITestig1	2011-10-28	ST1	25d
7	Integrating1	2011-11-22	SA2,SE1	29d
8	SystemRA2	2011-1-1	SA1	45d
9	SoftwareRA2	2011-3-2	SA3,SE1	20d
10	Design2	2011-3-22	SA3,SE1	40d
11	Coding2	2011-5-1	PR1	45d
12	SoftTesting2	2011-6-15	ST1	15d
13	CSCITesting2	2011-6-30	ST1	15d
14	Integrating2	2011-8-4	SA1,SE1	15d
15	SystemRA3	2011-1-1	SA4	45d
16	SoftwareRA3	2011-4-2	SA1	30d
17	Design3	2011-5-2	SA3	60d
18	Coding3	2011-7-1	PR3	45d
19	SoftTesting3	2011-8-15	SE3	15d
20	CSCITesting3	2011-8-30	ST3	15d
21	Integrating3	2011-9-14	SA1,SA4	15d
22	SystemRA4	2011-1-1	SA5	60d
23	SoftwareRA4	2011-3-2	SA6,SE2	30d
24	Design4	2011-6-25	SA3,SE2	60d
25	Coding4	2011-8-24	PR3	45d
26	SoftTesting4	2011-10-8	ST3	15d
27	CSCITesting4	2011-10-23	ST3	15d
28	Integrating4	2011-11-7	SA5,ST3	18d
29	SystemRA5	2011-3-2	SA1	45d
30	SoftwareRA5	2011-4-16	SA5,SE2	24d
31	Design5	2011-5-17	SA4,SE2	40d
32	Coding5	2011-6-26	PR5	45d
33	SoftTesting5	2011-8-10	ST1	15d
34	CSCITesting5	2011-8-25	ST1	15d
35	Integrating5	2011-9-9	SA1,ST1	15d
36	SystemRA6	2011-3-2	SA4	75d
37	SoftwareRA6	2011-5-16	SA5,SE1	29d
38	Design6	2011-6-14	SA2,SA5	67d
39	Coding6	2011-8-20	PR5	75d
40	SoftTesting6	2011-11-3	SA1	25d
41	CSCITesting6	2011-11-28	SA1	25d
42	Integrating6	2011-12-23	SA4,ST1	25d

图 28　进一步移除人力资源后的优化调度结果

7.7　小结

本章针对航天型号软件任务可靠性分配与多项目资源调度问题，专门开发了型号任务人力资源调度及优化的原型系统，通过使用该原型系统，对于具体软件任务，运用前述人力资源优化调度算法，设置不同的软件可靠性指标、要求，得出不同的人力资源调度方案。该系统还可针对多种项目可靠性要求，提供不同的人力资源调度方案，并通过了仿真验证。本书提供的方法及所开发的原型系统，能够有效支持航天型号任务可靠性分配与多项目人力资源调度。

参考文献

［1］ 马文姣．航天型号软件的安全性测试技术研究［D］，哈尔滨：哈尔滨工业大学，2007.

［2］ Baker K R. Introduction to Sequencing and Scheduling［M］，New York：John Wiley & Sons，1974.

［3］ 刘士新．项目优化调度理论与方法［M］．北京：机械工业出版社，2007.

［4］ 王凌．车间调度及其遗传算法［M］．北京：清华大学出版社，2003.

［5］ Curtis B，Hefley W E，Miller S A. People Capability Maturity Model?（P-CMM?）Version 2.0，2001.

［6］ 袁家军．神舟飞船系统工程管理［M］．北京：机械工业出版社，2005.

［7］ Gupta R K，Bhunia A K，Roy D. A GA Based Penalty Function Technique for Solving Constrained Redundancy Allocation Problem of Series System with Interval Valued Reliability of Components. Journal of Computational and Applied Mathematics，pp. 275-284，2009.

［8］ Sanz L F，Misra S. Influence of Human Factors in Software Quality and Productivity. ICCSA 2011，Part V，LNCS 6786（2011）：257-269.

［9］ GJB 450A—2004，装备可靠性工作通用要求［S］．北京：总装备部军标出版发行部，2004.

［10］ Reifer J. Software Failures Models and Effects Analysis［C］. IEEE Transaction on Reliability，1979，Vol. R-28（3）：247-249.

［11］ Martin L. Shooman. Reliability of Computer Systems and Networks：Fault Tolerance，Analysis，and Design［M］. New York：John Wiley & Sons，2002.

［12］ Nathaniel Ozarin. Developing Rules for Failure Models and Effects Analysis of Computer Software［M/OL］. http：//www. sae. org/

technical/papers/2003-01-2987.

[13] 周经纶，龚时雨，颜兆林．系统安全性分析［M］．长沙：中南大学出版社，2003.

[14] 吴哲辉．Petri网导论［M］．北京：机械工业出版社，2006.

[15] 宋小庆，吴松平，常天庆，等．基于随机Petri网的装甲车辆综合电子系统可靠性研究［J］，装甲兵工程学院学报，2009，23（3）：7-11.

[16] 张涛，武小悦，谭跃进．Petri网在系统可靠性分析中的应用［J］．国外可靠性与环境试验技术，2003，Vol（1）：60-65.

[17] 秦兴秋，邢昌风．一种基于Petri网模型求解故障树最小割集的算法［J］．计算机应用，2004，24（Z1）：299-300.

[18] 金光，周经纶，何小怀．一种基于Petri网的可靠性分析方法［J］．小型微型计算机系统，2001，22（8）：1022-1024.

[19] 李妍琛，朱连章．随机Petri网在软件可靠性分析中的应用［J］．现代电子技术，2007（2）：142-144.

[20] 胡红革，黄大贵，赵强．基于Petri网的系统故障率分析［J］．仪器仪表学报，2003（S1）：102-106.

[21] Hudon G R. Program error as a birth and death process［R］．System Development Corporation. Technique Report SP-3011，Santa，Monica，CA，1967.

[22] 王璞，张臻鉴，王玉玺．基于覆盖的软件测试技术在实时嵌入式软件中的应用研究［J］．计算机工程与设计，1998，19（6）：45-54.

[23] 刘东艳，申功勋．嵌入式软件可靠性测试平台仿真器分系统研究［J］．北京航空航天大学学报，1999，25（6）：739-742.

[24] 张广梅．软件测试与可靠性评估［D］．北京：中国科学院计算技术研究所，2006.

[25] 马飒飒，陈自力，赵守伟．软件可靠性及可靠性多模型综合研究［J］．微计算机信息，2006，22（6-3）：263-265.

[26] 覃志东．高可信软件可靠性和防危性测试与评价理论研究［D］．成都：电子科技大学，2005.

[27] Baber R L. Error-free software：know-how and know-why of program correctness［M］．New York：John Wiley & Sons，1991.

[28] Brian Randell. System structure for software fault tolerance [J] . IEEE Transactions on Software Engineering，1975，SE - 1 (2)：220 - 232.

[29] Avizienis A and Chen L. On the implementation of N - version programming for software fault tolerance during execution [C]. Chicago，1977：149 - 155.

[30] Roderick Keith Scott. Data domain modeling of fault - tolerant software reliability [D] . Raleigh：North Carolina State University，1983.

[31] 仉俊峰．星载计算机系统可靠性评测方法的研究 [D] ．哈尔滨：哈尔滨工业大学，2007.

[32] Helander M E，Zhao M，Niclas Ohlsson. Planning models for software reliability and cost [J] . IEEE Transactions on Software Engineering，1998，24 (6)：420 - 434.

[33] Zahedi F. and Ashrafi N. Software reliability allocation based on structure，utility，price，and cost [J] . IEEE Transactions on Software Engineering，1991，17 (4)：345 - 356.

[34] 周卫东．组合导航系统应用软件可靠性研究 [D] ．哈尔滨：哈尔滨工程大学，2006.

[35] 崔学勇．软件可靠性优化分配方法应用研究 [D] ．长沙：国防科学技术大学，2007.

[36] 沈雪石，陈英武．基于可靠性的软件构件费用分配最优模型 [J] ．系统工程与电子技术，2007，29：2185 - 2188.

[37] 张晓桂，周海波．复杂系统可靠性分配方法的研究 [J] ．佳木斯大学学报（自然科学版），2002，20：29 - 31.

[38] 邵延峰，薛红军，张玉刚．复杂串并联系统的可靠性分配方法 [J] ．飞机设计，2007，27：51 - 53.

[39] Webster L R. Optimum system reliability and cost effectiveness [C]. Proceedings of the tenth national symposium on reliability and quality control，Washington，D. C.，1964：345 - 359.

[40] Webster L R. Choosing optimum system configurations [C]. Proceedings of 1967 annual symposium on reliability，Washington，D. C.，1967：489 - 500.

[41] Aggarwal K K, Gupta J S, and Misra K B. A new heuristic criterion for solving a redundancy optimization problem [J]. IEEE Transactions on Reliability, 1975, R-24 (24): 86-87.

[42] Nakagawa Y, Nakashima K and Hattori Y. Optimal reliability allocation by branch - and - bound techniques [J]. IEEE Transactions on Reliability, 1978, R-27 (27): 31-38.

[43] Banerjee S K and Rajamani K. Optimization of system reliability using a parametric approach [J]. IEEE Transactions on Reliability, 1973, R-22 (22): 35-39.

[44] Ida K, Gen M, and Yokota T. System reliability optimization with several failure modes by genetic algorithm [C]. Proceedings of the 16th international conference on computers and industrial engineering, Ashikaga, Japan, March 1994.

[45] Mohan C. and Shanker K. Reliability optimization of complex systems using random search technique [J]. Microelectronics and Reliability, 1988, 28 (4): 513-518.

[46] Li D. Iterative parametric dynamic programming and its applications in reliability optimization [J]. Journal of Mathematical Analysis and Applications, 1995, 191 (3): 589-607.

[47] Zuo M J and Way Kuo. Design and performance analysis of consecutive k - out - of - n structure [J]. Naval Research Logistics Quarterly, 1990, 37 (2): 203-230.

[48] Zhang W, Miller C, and Way Kuo. Application and analysis for consecutive k - out - of - n: G structure [J]. Reliability Engineering and System Safety, 1991, 33 (2): 189-197.

[49] Homberger J. A multi - agent system for the decentralized resource - constrained multi - project scheduling problem [J]. International Transactions in Operational Research, 2007, 14 (6): 565-589.

[50] 王凌．车间调度及其遗传算法 [M]．北京：清华大学出版社，2003.

[51] Subramaniam V and Raheja A S. mAOR: A heuristic - based reactive repair mechanism for job shop schedules [J]. International Journal of

Advanced Manufacturing Technology, 2003, 22: 669 - 680.

[52] Yang B. Single machine rescheduling with new jobs arrivals and processing time compression [J]. International Journal of Advanced Manufacturing Technology, 2007, 34: 378 - 384.

[53] Artigues C, Billaut J - C, and Esswein C. Maximization of solution flexibility for robust shop scheduling [J]. European Journal of Operational Research, 2005, 165: 314 - 328.

[54] Zhang H, Li H, and Tam C M. Heuristic Scheduling of Resource - Constrained, Multiplemode and Repetitive Projects [J]. Construction Management and Economics, 2006, 24 (2): 159 - 169.

[55] Alvarez - Valdes R, Fuertes A, Tamarit J M, et al. A heuristic to schedule flexible job - shop in a glass factory [J]. European Journal of Operational Research, 2005, 165: 525 - 534.

[56] Patankar R, Xu R, Chen H, et al. Global search algorithm for automated maintenance planning and scheduling of parts requests [J], Computer and Operations Research, 2009, vol. 36: 1751 - 1757.

[57] Kelleher G and Cavichiollo P. Supporting rescheduling using CSP, RMS and POB—an example application [J]. Journal of Intelligent Manufacturing, 2001, vol. 12: 343 - 357.

[58] 衣杨，汪定伟. 并行多机成组工作总流水时间调度问题 [J]. 计算机集成制造系统，2001，7：7 - 11.

[59] 徐俊刚，戴国忠，王宏安. 生产调度理论和方法研究综述 [J]. 计算机研究与发展，2004，41：257 - 267.

[60] Gen M, Gao J, and Lin L. Multistage - based genetic algorithm for flexible job - shop scheduling problem [J]. Intelligent and Evolutionary Systems, 2009, SCI 187: 183 - 196.

[61] Alba E, and Chicano J F. Software project management with Gas [J]. Journal of Information Sciences, 2007, vol. 177: 2380 - 2401.

[62] Barreto A, Barros M d O, and Werner C M L. Staffing a software project: a constraint satisfaction and optimization - based approach [J]. Computer & Operations Research, 2008, 35: 3073 - 3089.

[63] Chtourou H and Haouari M. A two - stage - priority - rule - based algorithm for robust resource - constrained project scheduling [J]. Computers & Industrial Engineering, 2008, 55: 183 - 194.

[64] 刘士新．项目优化调度理论与方法 [M]．北京：机械工业出版社，2007.

[65] Arya S, Mount D M, Netanyahu N S, et al. An optimal algorithm for approximate nearest neighbor searching in fixed dimensions [J]. Journal of the ACM, 1998, 45: 891 - 923.

[66] Holland J H Adaptation in natural and artificial systems [M]. MIT Press Cambridge, 1992.

[67] Goncalves J F, Mendes J J M, Resende M G C. A Genetic Algorithm for the Resource Constrained Multi - project Scheduling Problem [J]. European Journal of Operational Research, 2008, 189: 1171 - 1190.

[68] Duggan J, Byrne J, and Lyons G J. Task allocation optimizer for software construction [J] . IEEE Software, 2004, 21 (3): 76 - 82.

[69] Chang C K, Jiang H - y, Di Y, et al. Time - line based model for software project scheduling with genetic algorithms [J] . Information and Software Technology, 2008, 50 (11): 1142 - 1154 .

[70] Xiao J, Wang Q, Li M, et al. Value - based multiple software projects scheduling with genetic algorithm [C]. International Conference on Software Process 2009 (ICSP2009), LNCS 5543, Vancouver, Canada, 2009: 50 - 62.

[71] 陈华平，谷峰，卢冰原，等．自适应多目标遗传算法在柔性工作车间调度中的应用 [J]．系统仿真学报，2006，18：2771 - 2774.

[72] Murthy D N P, Rausand M, and Virtanen S. Investment in new product reliability [J] . Reliability Engineering & System Safety, 2009, 94 (10): 1593 - 1600.

[73] Huang H, Qu J, and Zuo M J. A new method of system reliability multi - objective optimization using genetic algorithms [C] . Reliability and Maintainability Symposium, 2006: 278 - 283.

[74] 鹿祥宾，李晓钢，林峰．复杂系统的可靠性分配和优化 [J]. 北京航空

航天大学学报，2004，30：565－568.

[75] 吴晗平．复杂系统的可靠性模型和可靠性分配研究［J］．电光与控制，1997，1：5－13.

[76] Sun X，and Li D. Optimality condition and branch and bound algorithm for constrained redundancy optimization in series systems［J］. Optimization and Engineering，2002，3（1）：53－65.

[77] Gregoriades A，Sutcliffe A. Workload prediction for improved design and reliability of complex systems［J］. Reliability Engineering and System Safety，2008，93（4）：530－549.

[78] Li Z，Liao H，and Coit D W. A two－stage approach for multi－objective decision making with applications to system reliability optimization［J］. Reliability Engineering and System Safety，2009，94：1585－1592.

[79] Huang C－Y and Lo J－H. Optimal resource allocation for cost and reliability of modular software systems in the testing phase［J］. Journal of Systems and Software，2006，79（5）：653－664.

[80] 张伟．基于子系统综合因子的软件可靠性分配方法［J］．测控技术，2007，26：64－66.

[81] 徐仁佐，张良平，陈波，等．基于模块开发控制的一个软件可靠性分配模型［J］．武汉大学学报（理学版），2003，49：44－48.

[82] 王容．软件可靠性模型与软件最优发布问题的研究［D］．成都：电子科技大学，2007.

[83] Humphrey W S，Snyder T R，and Willis R R. Software process improvement at Hughes Aircraft［J］. IEEE Software，July 1991，8（4）：11－23.

[84] Lin C－T and Huang C－Y. Enhancing and measuring the predictive capabilities of testing－effort dependent software reliability models［J］. Journal of Systems and Software，2008，81（6）：1025－1038.

[85] Yamada S，Ohba M，and Osaki S. S－shaped reliability growth modeling for software error detection［J］. IEEE Transaction on Reliability，1983，R－32（5）：475－478.

［86］ Attiya G and Hamam Y. Task allocation for maximizing reliability of distributed systems：asimulated annealing approach ［J］. Journal of Parallel and Distributed Computing，2006，66（10）：1259－1266.

［87］ Kang Q－M，He H，Song H M，et al. Task allocation for maximizing reliability of distributed computing systems using Honeybee Mating Optimization ［J］. Journal of Systems and Software，2010，83（11）：2165－2174.

［88］ Yin P－Y，Yu，S－S，Wang P P，et al. Task allocation for maximizing reliability of a distributed system using hybrid particle swarm optimization ［J］. Journal of Systems and Software，2007，80（5）：724－735.

［89］ 李明树，何梅，杨达，等．软件成本估算方法与应用［J］．软件学报，2007，18（4）：775－795.

［90］ 王晓程，李娟，余方．一种针对中小型软件的简化功能点分析方法［J］. 计算机工程，2008，34（9）：103－105.

［91］ Boehm，Abts C，Brown A W，et al. Software Cost Estimation with COCOMO II ［M］. Upper Saddle River，NJ：Prentice Hall PTR，2000.

［92］ 苏小红，杨博，王亚东．基于进化稳定策略的遗传算法［J］. 软件学报，2003，14（11）：1863－1868.